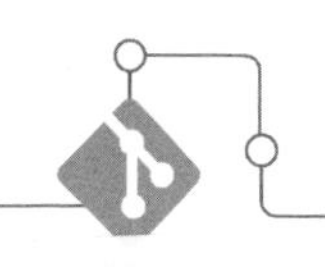

4. 學習四種分支使用策略，包括 Git Flow、TBD、GitHub Flow 和 GitLab Flow，讓你完全掌握 Git 的各種應用。

如果你曾經用過，或是現在正在使用 Git，但是對它還無法完全掌握，只會模仿別人的步驟操作，那麼相信你一定遇到過讓你心驚膽跳的狀況。尤其是參與專案開發團隊的時候，因為你面對的可是大家嘔心泣血的成果啊！稍有不慎，你就會變成團隊的罪人！

如果你很幸運，還沒遇過，那麼先恭喜你，但是未來你很有可能會遇到！到時候你希望靠運氣嗎？

Git 會如此普及，一定有它的道理。它能夠帶給你的幫助，絕對超乎你的想像！一旦你能夠完全掌握它，必定會有相見恨晚的感覺，所以現在就讓我們開始探究 Git 的超凡能力吧！

孫宏明

Part 01 Git 基礎觀念和用法

UNIT 1 認識 VCS 和 Git

UNIT 2 原來 Git 可以這樣用

UNIT 3 開始追蹤檔案的變動

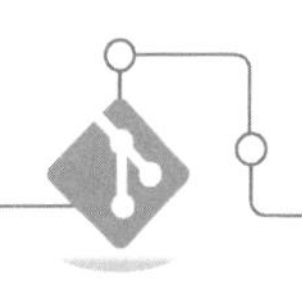

UNIT 8 合併分支和解決衝突

UNIT 9 用 Rebase 指令改變分支的起始點

UNIT 10 Git Flow 和 TBD 開發模式

Part 03 遠端 Git 檔案庫和團隊開發模式

Part 04 常用的 Git 伺服器網站和 GitHub Flow

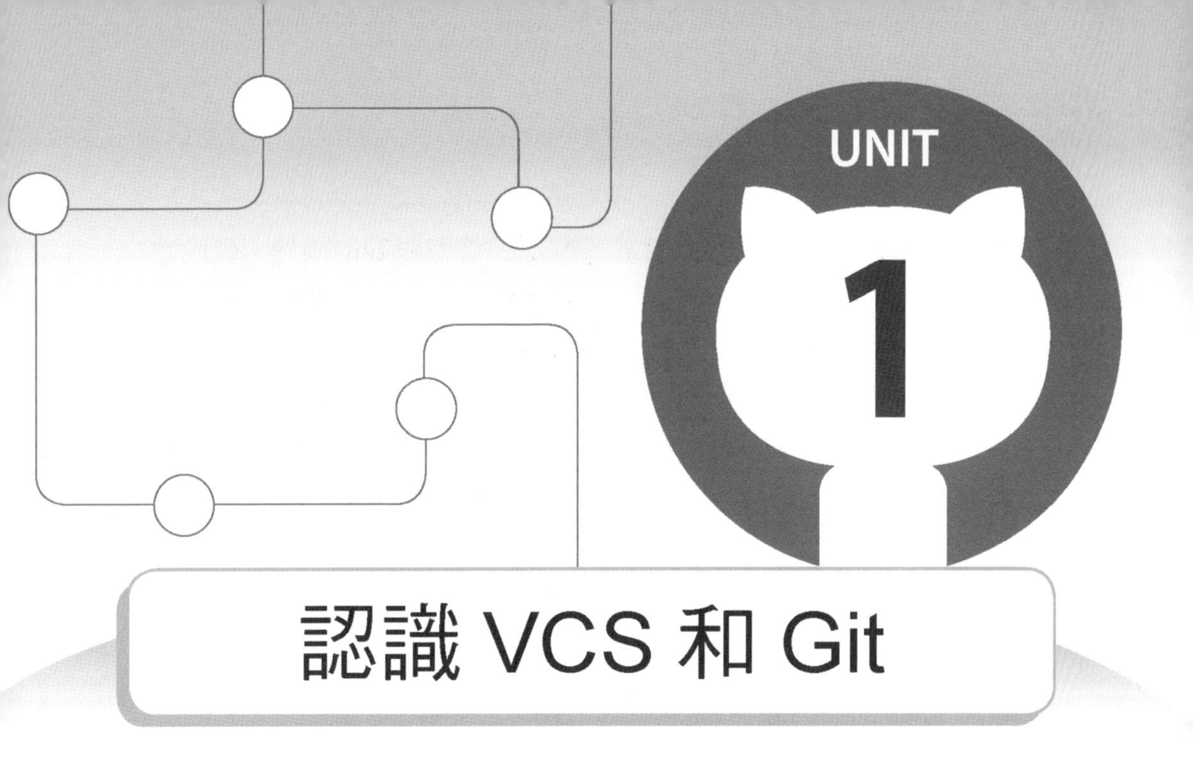

認識 VCS 和 Git

VCS 的原文是 Version Control System，中文翻譯叫做版本控制系統，而 Git 就是 VCS 其中一員。既然 Git 是一種版本控制系統，在介紹它之前，讓我們先了解版本控制系統的起源。

什麼是版本控制系統

版本控制系統這個名詞聽起來有點抽象！但是其實我們可以用一句話來解釋它的功能：

版本控制系統就是用來追蹤和儲存資料夾內部檔案的變動。

這樣的說法是不是讓讀者秒懂版本控制系統所做的事！

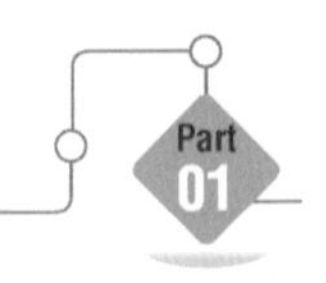

版本控制系統的出現其實是為了解決一個很實際的問題。假設我們要開發一個軟體，這個軟體有好幾項功能。很自然地，我們會依照功能的先後順序，排定一個時程來完成它們，如圖 1-1。從小我們就知道雞蛋不能全部放在同一個籃子裡，否則籃子摔了，雞蛋就全沒了！所以為了降低風險，我們會在某些時間點，把軟體專案備份到其他資料夾，或是網路上的伺服器。

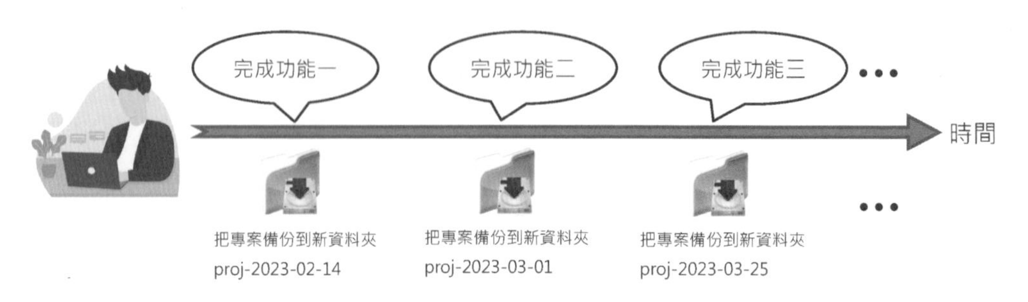

圖 1-1　開發軟體專案的過程

用這種方式備份專案確實可以留下專案的開發紀錄，可是時間久了，就會浮現下列問題：

1. 資料夾的數量愈來愈多，增加儲存和管理上的麻煩。
2. 如果想要知道某一段程式碼是在何時修改，這時候就只能發揮個人的記憶力，在一堆資料夾中尋找。
3. 我們無法追蹤專案的不同備份之間到底改了哪些東西，這樣會增加專案維護和除錯的困難度。

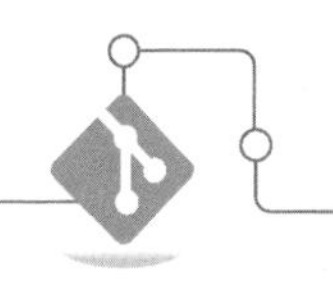

讀者可以想像一下，這樣的作法可能每天都會提心吊膽。因為不知何時會突然冒出一個難題來考驗你！而且這還不是最糟的情況，如果是一群人共同開發一個程式專案，複雜度就不是相加而已，而是相乘。這段程式是誰寫的？什麼時候寫的？有哪些地方被修改？到底哪一個版本才是正確的？…類似問題肯定會不斷地上演！

以上問題的答案就是版本控制系統，它可以保留完整的程式專案修改紀錄，以及所有的歷史版本。我們可以隨時調出來檢視，裡頭會記錄誰改的，何時修改，以及修改說明。而且全部的修改紀錄，都會依照時間的先後順序排列。我們可以很方便的檢視程式專案的修改歷程，就像坐上時光機，回到過去一樣！

版本控制系統其實是一種工具軟體的統稱，不是指單一軟體。版本控制系統已經有數十年的歷史。最早期的作法是採用集中控管，如果要修改某一個程式檔，必須先將它鎖定，然後取出修改。在完成修改和回傳之前，其他人都不能更動這個程式檔。

這種方式可以避免衝突（Conflict）發生。所謂衝突是指不同人，同時更動同一段程式碼。因為他們無法立即看到對方的修改，這樣會造成修改後的結果不一致的情況。集中控管可以保證任何時間都只有一個人可以修改，因此不會有衝突的問題，但是付出的代價是效率降低。因為如果想要修改的檔案正好被別人鎖定，就必須等待。如果想要修改的人很多，因為互相等待造成的時間浪費將非常可觀。

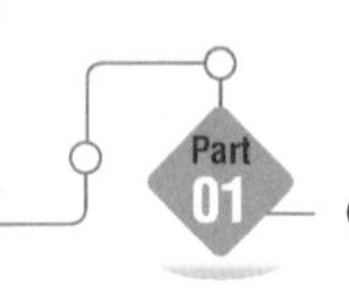

為了解決上述問題，新的版本控制系統改採分散式的作法。每一個人隨時都可以修改任何檔案，等到要整合不同人的修改結果時，再來檢查是否發生衝突的狀況，然後視情況做後續處理。

雖然 Git 是本書的主角，但是它不是第一個版本控制系統。在 Git 之前已經有幾個版本控制系統被採用，像是 Subversion（簡稱 SVN）、Mercurial 和 CVS。在 2013 年以前，SVN 的市佔率都維持在 40% 以上。但是在 Git 逐漸普及之後，SVN 的使用率開始下降。2014 年以後正式被 Git 超越。現在 Git 的使用率已經超過九成，網路上也有很多提供 Git 服務的網站，像是 GitHub、GitLab 和 Bitbucket。

Git 的誕生有一段小插曲，它和 Linux 有關係！Linux 的作者，也就是鼎鼎大名的 Linus Torvalds 先生，他早期是用 BitKeeper 軟體來管理 Linux 的程式碼。該軟體原來是免費使用，但是後來卻要收費。於是 Torvalds 想要更換版本控制系統，卻苦尋不到其他的替代方案可以符合他的需求，於是 Torvalds 決定自己打造一個版本控制系統。經過大約十天的時間，第一版的 Git 就此誕生，當時 Torvalds 就把將近七百萬行的程式碼送進 Git 儲存，從此 Linux 專案就交給 Git 管理！

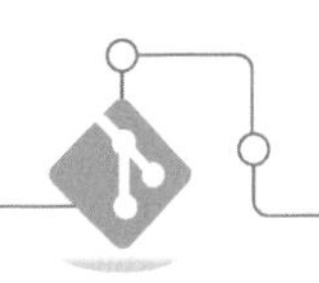

1-2 在 Windows 上安裝 Git

不管你是使用 Windows、Mac 或是 Linux，都有對應的 Git 程式可以安裝，而且安裝過程很簡單。不過在介紹如何安裝 Git 之前，有一個觀念要先跟大家說明。Git 其實有很多變裝的版本。也就是說，有人幫 Git 穿上不同的衣服，讓它看起來比較漂亮！我們可以從 Git 官網找到這些變裝後的程式。

Git is easy to learn and has a tiny footprint with lightning fast performance. It outclasses SCM tools like Subversion, CVS, Perforce, and ClearCase with features like cheap local branching, convenient staging areas, and multiple workflows.

About
The advantages of Git compared to other source control systems.

Documentation
Command reference pages, Pro Git book content, videos and other material.

Downloads
GUI clients and binary releases for all major platforms.

Community
Get involved! Bug reporting, mailing list, chat, development and more.

Pro Git by Scott Chacon and Ben Straub is available to read online for free. Dead tree versions are available on Amazon.com.

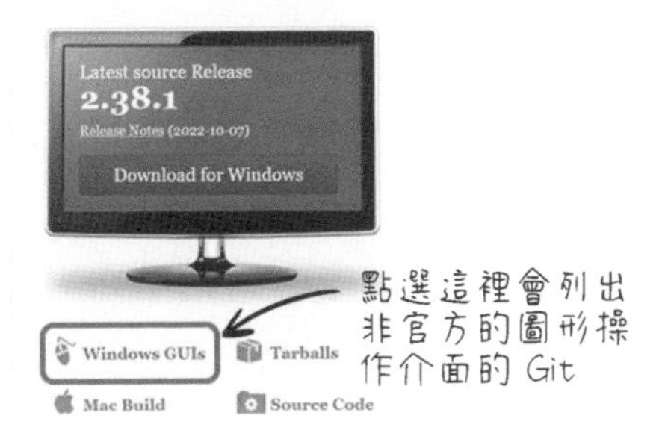

Latest source Release
2.38.1
Release Notes (2022-10-07)
Download for Windows

Tarballs
Mac Build
Source Code
點選這裡會列出非官方的圖形操作介面的 Git

圖 1-2　點選 Git 官網的 Windows GUIs

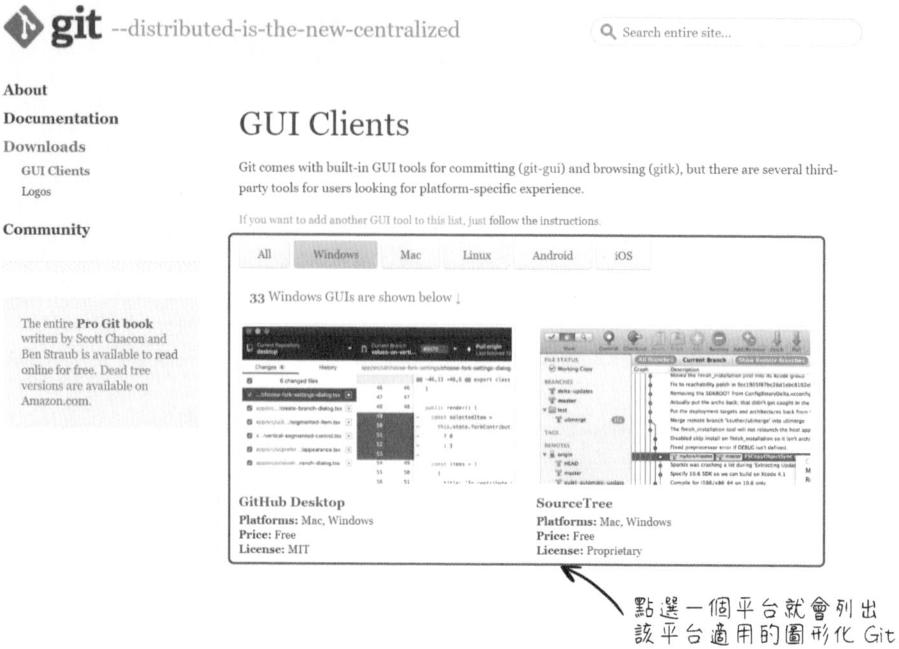

圖 1-3　變裝後的 Git

要找到 Git 官網最簡單的方式當然是用 Google。連到 Git 官網之後，點選圖 1-2 畫面上的 Windows GUIs，會顯示圖 1-3 的畫面。在畫面右邊選擇一個平台，下方會列出該平台可以安裝的圖形化 Git 程式。這些程式是把官網的 Git 重新包裝，穿上比較漂亮的外衣，但是筆者比較不建議使用這些變裝後的 Git，因為：

1. 它們底層的 Git 版本通常比較舊，更新速度不及官網的 Git。
2. 多一層包裝意味著需要額外的處理和運算，這表示執行速度會變慢，而且比較容易有 Bug。
3. 程式安裝後會占用比較多的硬碟空間。

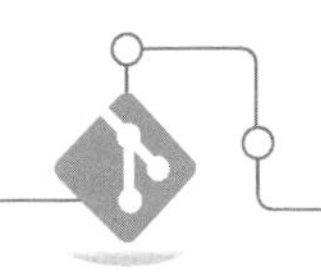

當然這些重新包裝後的 Git 畫面會比較漂亮，但是其實操作 Git 通常只需要幾個步驟，時間很短，所以外觀不是那麼重要，反倒是程式的速度和穩定性才是考量的重點，所以最推薦的還是官方版的 Git！而且它一樣有 GUI 工具可以使用，操作起來簡單又方便，還支援所有平台，只要學一次，就可以走遍天下，絕對是 CP 值最高的選擇！

接下來我們就開始介紹如何在 Windows 上安裝 Git。第一步是連到 Git 官網，然後會看到圖 1-2 的畫面。畫面右邊的螢幕圖案裡頭會顯示最新版本編號，點選下方 Download for Windows 按鈕會跳到圖 1-4 的畫面。畫面上框起來的是 32 位元和 64 位元的 Git 安裝檔，請依照自己電腦安裝的 Windows 版本下載適合的安裝檔。

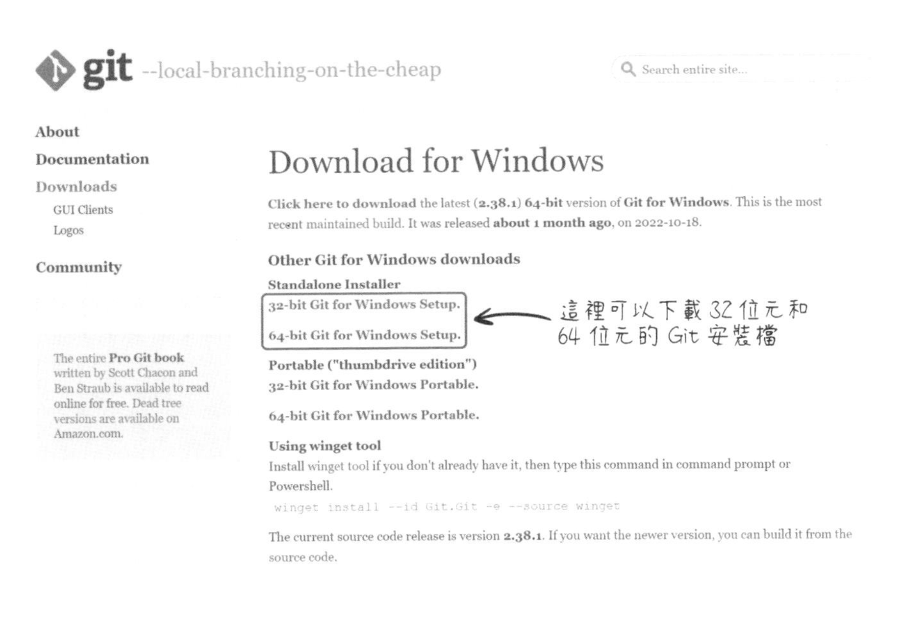

圖 1-4　選擇 32 位元或是 64 位元的 Git 安裝檔

安裝檔下載完成後，啟動執行，會顯示圖 1-5 的版權畫面，按下 Next 按鈕會顯示圖 1-6 的安裝路徑，這裡不用修改，直接按 Next 按鈕進入下一頁，之後的畫面都保留預設值，直到安裝結束。

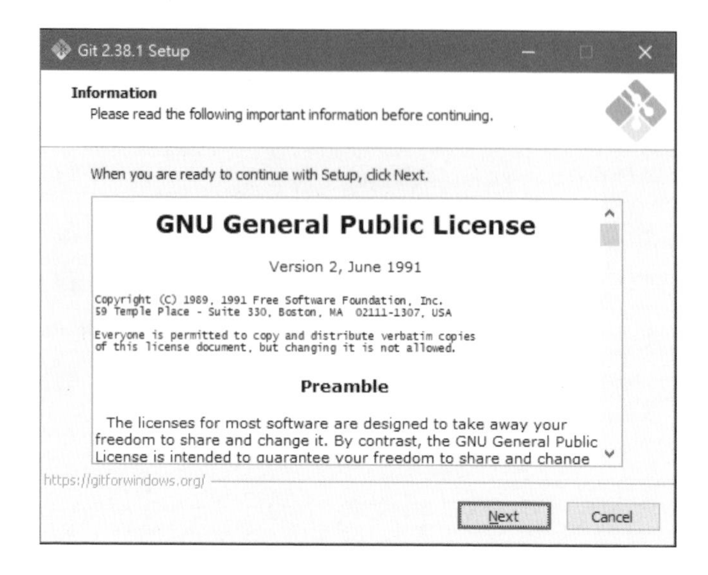

圖 1-5　啟動 Git 安裝檔顯示版權畫面

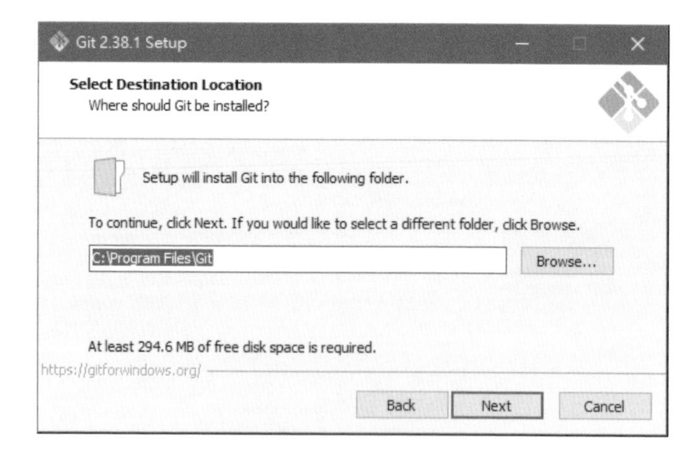

圖 1-6　Git 安裝路徑

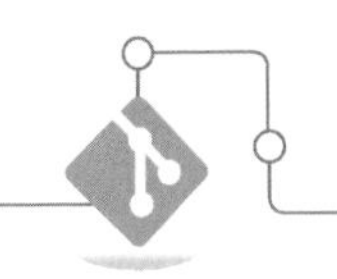

安裝完成後，從螢幕左下角打開 Windows 的程式集，會看到 Git 項目（參考圖 1-7），展開後會出現 Git GUI 程式，啟動它就會看到圖 1-8 的操作畫面。Git GUI 程式是 Git 最重要的主角，下一個單元我們要開始介紹如何使用它。

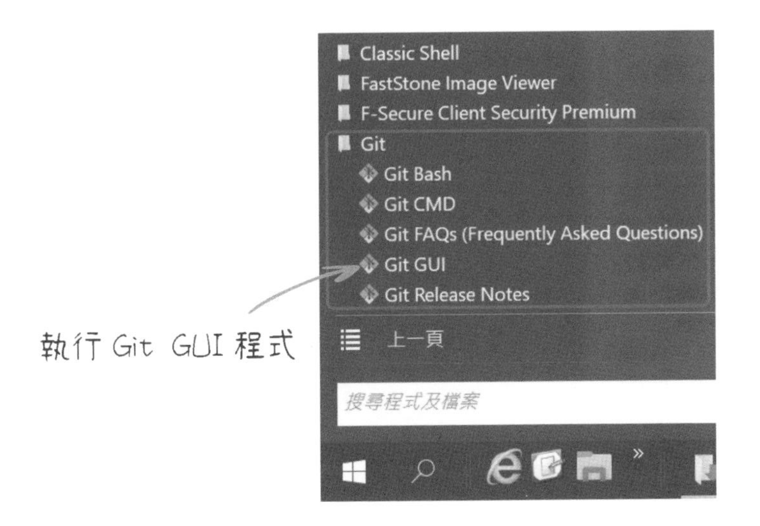

圖 1-7　Windows 程式集裡頭的 Git

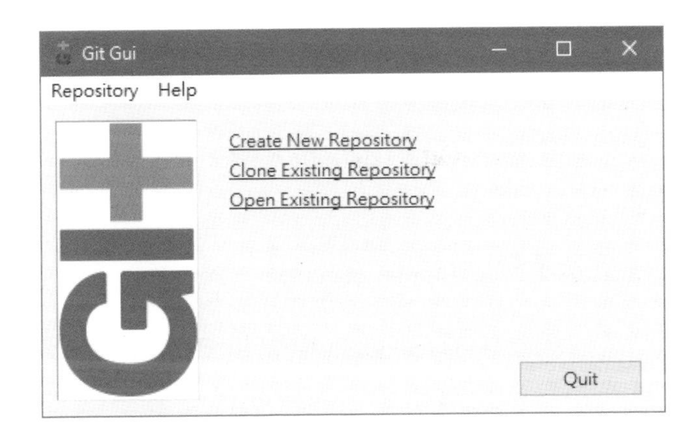

圖 1-8　Git GUI 程式啓動畫面

1-3 在 Mac 和 Linux 上安裝 Git

在 Mac 和 Linux 上安裝 Git 是用指令的方式執行。我們先介紹 Mac 的安裝過程，它會用到 Brew 這個程式：

STEP 1 檢查是否需要更新 Brew 程式。首先確定 Mac 電腦已經連上網路，然後啟動終端機視窗，執行以下指令，它可能需要等待一些時間：

```
brew update
```

如果執行後顯示需要更新，就執行以下指令，否則直接跳到下一步。

```
brew upgrade
```

STEP 2 Mac 在安裝某些開發工具時會自動安裝 Git，如果想要知道電腦上是否已經有 Git，可以在終端機視窗執行以下指令：

```
git version
```

如果畫面上有顯示 Git 版本號碼，例如下列訊息，就表示已經有 Git。

```
git version 2.37.0 (Apple Git-136)
```

讀者可以把訊息中的 Git 版本編號和 Git 官網的版本號碼比較，看看它是不是最新版。如果執行上述指令後顯示錯誤訊息，就表示電腦中沒有安裝 Git。另外請讀者留意訊息後

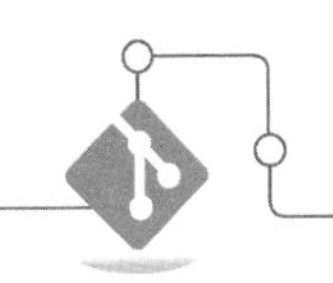

面的括弧，裡頭的文字說明它是 Apple 版本的 Git。接下來我們要自己安裝一個最新版的 Git。

STEP 3 在終端機視窗執行以下指令，開始安裝 Git：

```
brew install git
```

安裝過程會顯示一連串「Downloading ...」的訊息，表示正在下載需要的檔案。請耐心等它執行完畢，就會完成 Git 的安裝。

STEP 4 接著執行下列指令，然後關閉終端機再重開，才會使用新安裝的 git。

```
brew link git
```

STEP 5 如果後續要更新 Git，可以回到終端機視窗執行下列指令：

```
brew upgrade git
```

STEP 6 接下來是安裝 Git GUI：

```
brew install git-gui
```

執行過程一樣會顯示「Downloading ...」的訊息。

完成上述步驟之後，就可以執行下列指令，啟動 Git GUI。Mac 電腦螢幕會顯示如圖 1-9 的程式畫面，讀者如果把它和圖 1-8 比較，會發現它們的功能是一樣的。

```
git-gui
```

如果要找出 Git 的安裝路徑，可以執行以下指令，它會列出電腦中所有安裝的 Git 的路徑：

```
which -a git
```

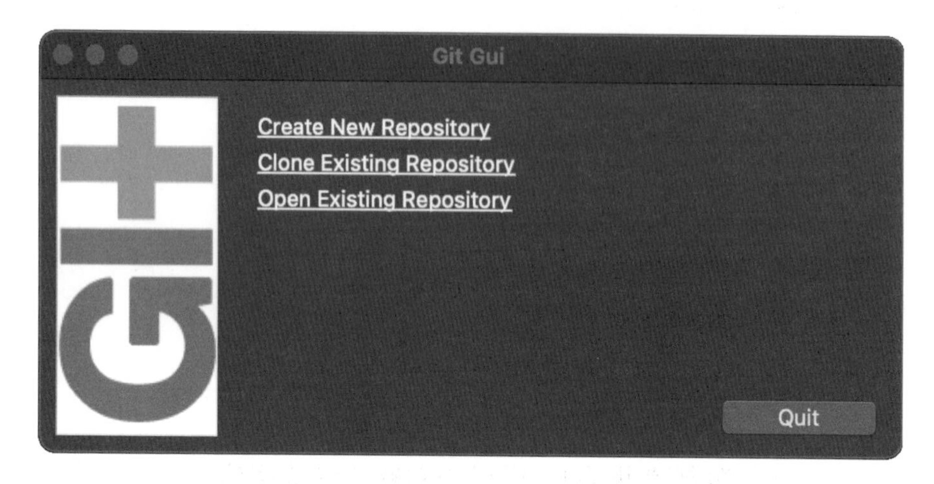

圖 1-9　Mac 電腦上的 Git GUI 程式啟動畫面

接下來介紹如何在 Linux 上安裝 Git：

STEP 1 首先檢查電腦是否已經安裝 Git，我們可以在終端機視窗執行下列指令：

```
git version
```

如果畫面顯示類似下面的訊息，表示電腦中已經安裝該版本的 Git。

```
git version 2.38.1
```

如果畫面顯示如下訊息，表示電腦尚未安裝 Git。

```
-bash: /usr/bin/git: No such file or directory
```

2 STEP 如果上一個步驟顯示的 Git 版本號碼，比 Git 官網的版本號碼小，表示它不是最新版。我們可以執行下列指令將它移除，然後再重新安裝。

```
sudo apt remove git
```

移除 Git 的過程中會再次確認，輸入 y 表示確定要移除。

3 STEP 依序執行下列指令，安裝最新版的 Git：

```
sudo add-apt-repository ppa:git-core/ppa
sudo apt update
sudo apt install git
```

每一行指令要分開執行。也就是先執行第一行指令，等它執行完畢，再執行下一行指令。

4 STEP 執行下列指令安裝 Git GUI 程式：

```
sudo apt install git-gui
sudo apt install gitk
```

安裝完成後，就可以利用下列指令啟動 Git GUI 程式，畫面會顯示類似圖 1-8 和圖 1-9 的視窗。

```
git gui
```

原來 Git 可以這樣用

在單元 1 我們是從專案備份的觀點切入來介紹 Git，但是其實 Git 的應用不僅於此。在開始學習 Git 以前，我們先畫一下大餅，讓讀者對 Git 的用法有一個概括性的了解。

Git 有哪些功能

圖 2-1 是把 Git 的應用做一個通盤的展示，我們把它分成三個階段來介紹。

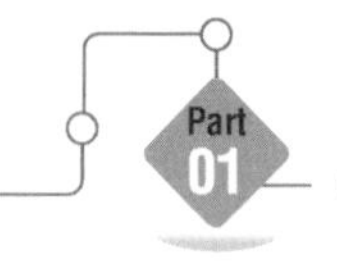

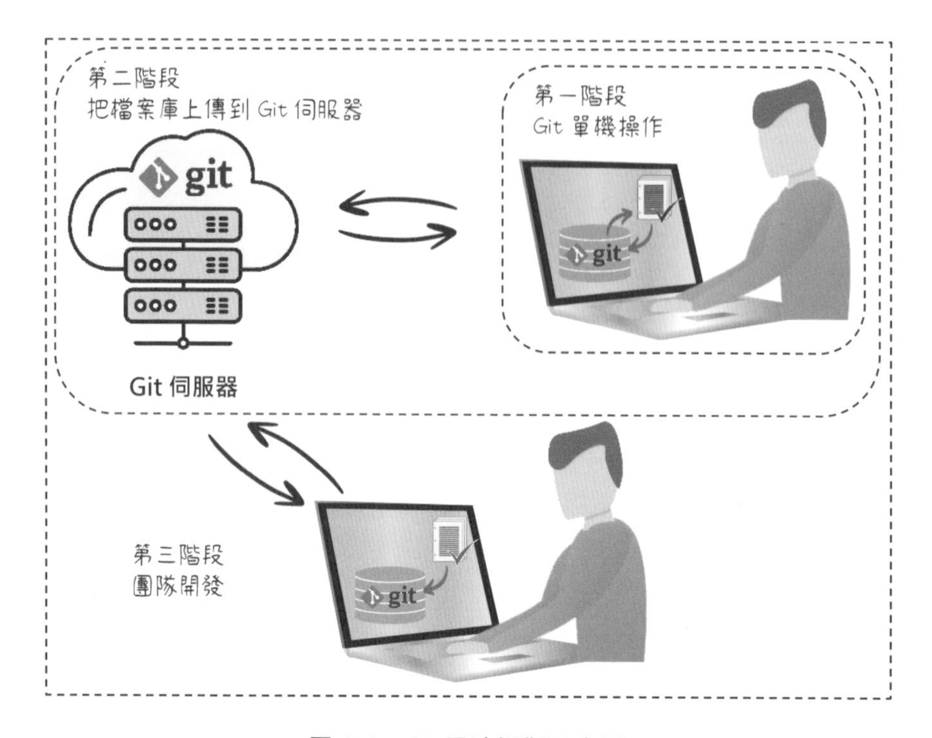

圖 2-1　Git 用法概觀示意圖

在說明之前，我們先解釋一個 Git 專用術語 Repository。這個字是儲藏室的意思，在 Git 裡頭它是儲存檔案內容的地方，本書稱它為檔案庫，這個名稱簡單易懂！檔案庫說穿了，就是一個隱藏的子資料夾，Git 會把檔案變更的內容，全部存到這個資料夾裡頭。

現在回到圖 2-1，我們用虛線框把它分成三個部分，這三個部分也是我們學習 Git 的順序。首先是第一階段，這部分是 Git 單機版操作，它是學習 Git 的基礎，這裡大概佔六到七成的學習份量。把它弄懂、熟練之後，後續二個階段就能水到渠成！

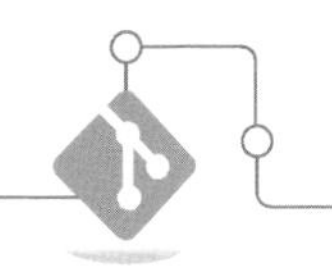

Git 單機版操作包含下列幾個學習重點：

1. Git GUI 程式的用法和 Git 設定檔。
2. 如何執行 Commit，和從檔案庫取回檔案。
3. 檔案比對。
4. 幫專案建立分支，執行合併和解決衝突。

學會以上技巧之後，就能夠隨心所欲地管理自己電腦上的程式專案。

圖 2-1 的第二個階段是把檔案庫上傳到 Git 伺服器。這樣做有二個目的，第一是備份，也就是把檔案庫備份到雲端，這樣就不怕電腦資料遺失或毀損，因為我們隨時都可以從伺服器下載檔案庫。第二個好處是開發團隊可以利用 Git 伺服器上的檔案庫，分享每一個人的成果，這是第三個階段的基礎。

圖 2-1 中的第三個階段是學習團隊開發的運作模式。團隊開發會遇到的問題是，當你在修改程式的時候，其他人可能也在修改。這種情況會導致專案出現二個不同的版本。當你把修改後的結果上傳到 Git 伺服器時，如果其他人已經比你早一步做了修改，Git 伺服器就會要求你先下載修改後的版本，然後把你的修改合併到這個新版本，最後再上傳合併後的結果。

除此之外，我們還會介紹幾個比較知名的 Git 伺服器網站，像是 GitHub、Bitbucket 和 GitLab。它們不僅可以讓我們上傳檔案庫，還提供專案開發模式的建議，像是 GitHub Flow 和 GitLab Flow，幫助我們提升軟體開發的品質。這些開發模式也會在本書中做介紹。

除了圖 2-1 的用法之外，其實 Git 還有其他用途，其中有一種應用叫做 GitBook。從名稱上看，很容易就可以猜到它應該和書有關。是的，它就是用來寫書的工具。

Git 為什麼會和寫書扯上關係？我們可以想像一下寫書的過程，其實和開發程式專案有很多雷同的地方，它們都會不斷地加入文字、圖片或是其他型態的內容，或是不斷地修改它們。在整個過程中，我們希望可以留下修改紀錄，以便將來可以回頭查詢，這不就是前面討論過的 Git 使用情境。

當然，書籍內容的呈現還需要搭配版面控制的功能，所以 GitBook 需要安裝其他套件，但是它的核心就是 Git。另外如果再加上圖 2-1 的團隊開發功能，就可以達成多人一起寫書的目標，而且每一個人所做的修改都可以完整地保存下來。

前面花了一些篇幅介紹 Git 的應用，目的是要讓讀者先對 Git 的用途有一個通盤的了解，這樣有助於後續學習某一項功能的時候，可以很清楚的對應到它的應用層面。接下來我們要開始進入 Git 的世界，不過在開始之前要先說明一下 Git 的操作方式。基本上 Git 有二種操作方法，第一種是利用圖形介面，第二種是使用指令。圖形介面的優點是使用起來比較方便、快速，但是無法涵蓋所有的功能。相對而言，指令比較麻煩，但是它支援 Git 全部的功能。本書教學是以 Git GUI 圖形操作為主，它同時適用 Windows、Mac 和 Linux 平台。另外還會補充相關指令的用法，如此一來，讀者就可以同時具備圖形介面和指令的運用能力。

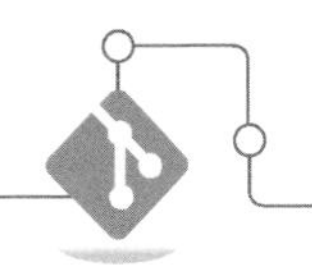

2-2 Git 操作初體驗

Git 的出現是為了管理專案開發的過程，但是其實我們可以換用一個比較務實而且容易理解的說法：Git 的功能就是追蹤一個資料夾內容的變動，而且無論資料夾裡頭儲存哪一種類型的檔案，或是有多少層子資料夾，都可以用 Git 控管，並不僅限於程式專案資料夾。

要讓 Git 控管一個資料夾，必須先在該資料夾建立 Git 檔案庫，這個步驟稱為初始化。為了讓讀者了解 Git 如何追蹤資料夾內容的變動，我們用一個內容很簡單的資料夾作示範。這個資料夾中只有三個檔案（請參考圖 2-2）：

1. program.py
2. 本書幫助你成為 Git 專家.docx
3. git-log.png

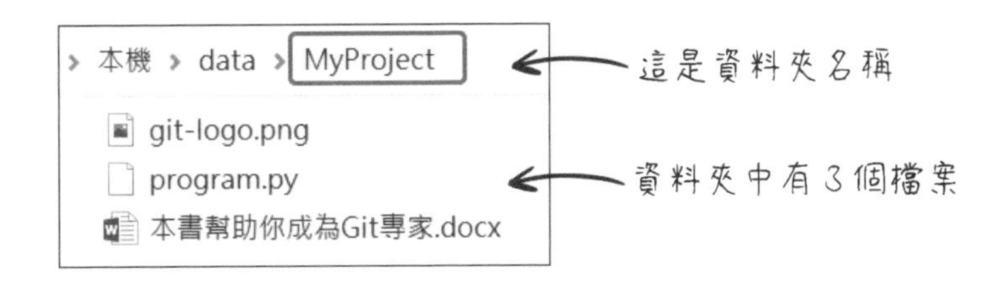

圖 2-2　用 Git 控管這個資料夾

這三個檔案分別代表三種不同檔案類型。「program.py」是純文字檔。不管是哪一種程式語言，它的程式檔都是純文字檔。純文字檔的格式最簡單，所以它很容易解讀。這裡我們是以目前最常見的 Python 程式檔為例，其他程式語言的程式檔也會是一樣的結果。

「本書幫助你成為 Git 專家.docx」是 Word 文件檔。雖然把 Word 檔打開會看到文字，但是其實它的內容不是只有文字，還有一些特殊的控制碼，它們用來標示字型、字體大小、行距、縮排等資訊，所以 Word 檔不是純文字檔。接下來的「git-log.png」是影像檔。影像檔也不是文字，而是所謂的二進位檔。二進位檔是用最原始的電腦資料格式來儲存，它的內容無法用文字的方式解讀，必須用特定的軟體來處理，才能夠看到正確的結果。

現在我們要讓 Git 管控這個資料夾，請依照下列步驟操作：

STEP 1 依照上一個單元的說明啟動 Git GUI 程式，選擇第一項 Create New Repository，參考圖 2-3。

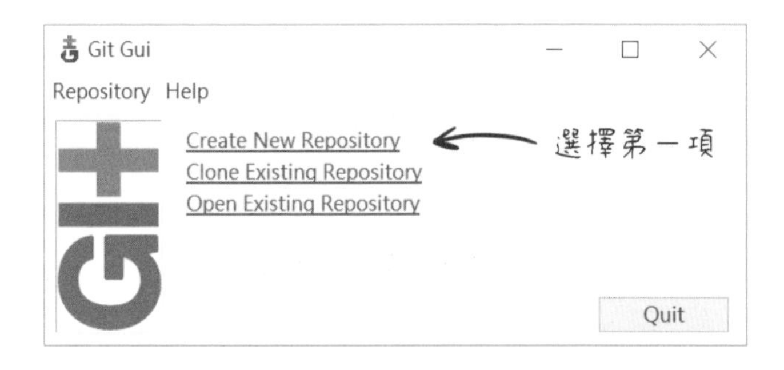

圖 2-3　選擇 Git GUI 程式的 Create New Repository

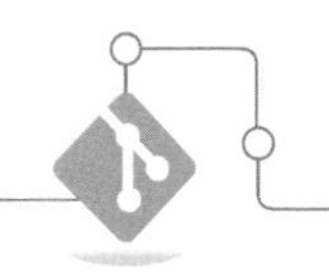

STEP 2 畫面會顯示圖 2-4 的對話盒。先按下 Browse 按鈕，選擇要讓 Git 管控的資料夾。按鈕左邊的欄位會顯示該資料夾路徑，完成後按下 Create 按鈕。

圖 2-4　選擇要管控的資料夾

STEP 3 接下來會出現圖 2-5 的操作畫面。這個畫面是後續學習的重點，它能夠讓我們執行很多 Git 的功能，但是第一次使用的時候要先設定操作者姓名和 Email 等資料。請依照圖 2-5 的說明操作，就會顯示圖 2-6 的畫面。

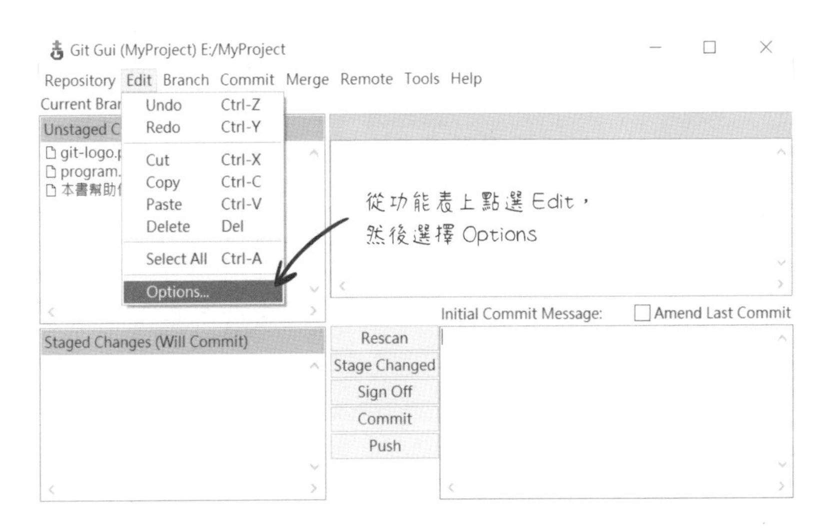

圖 2-5　開啓設定操作者姓名和 Email 的畫面

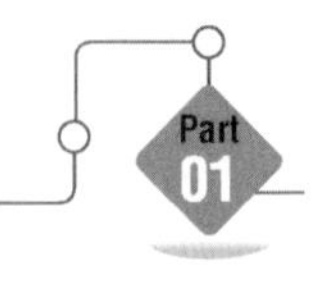

圖 2-6　填入操作者姓名和 Email

4 STEP 在圖 2-6 的對話盒填入你的名字和 Email。對話盒有左右二個部分，左邊的設定只針對目前管控的這個資料夾有效，右邊的設定會套用到未來所有被 Git 管控的資料夾。另外還要把檔案的編碼方式設為 utf-8。完成後按下右下角的 Save 按鈕。

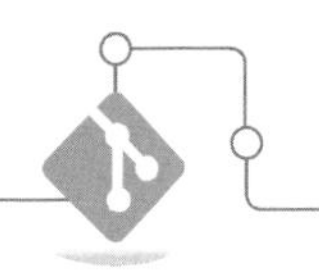

STEP 5 現在我們要把資料夾的內容送進 Git 檔案庫儲存，這個過程需要三個步驟，請參考圖 2-7 的說明。首先要找出有更動的檔案，包括：新檔案、內容有修改的檔案和被刪除的檔案。檔案是否有更動是透過比對資料夾的內容和 Git 檔案庫內儲存的內容來決定。如果該檔案不存在 Git 檔案庫裡頭，表示它是一個新檔案。如果該檔案的內容，和 Git 檔案庫裡頭儲存的不一致，表示它被修改過。如果 Git 檔案庫裡頭的檔案已經不存在資料夾中，表示該檔案已經被刪除。按下圖 2-8 的 Rescan 按鈕會執行比對，比對結果會顯示在畫面左上角的窗格。

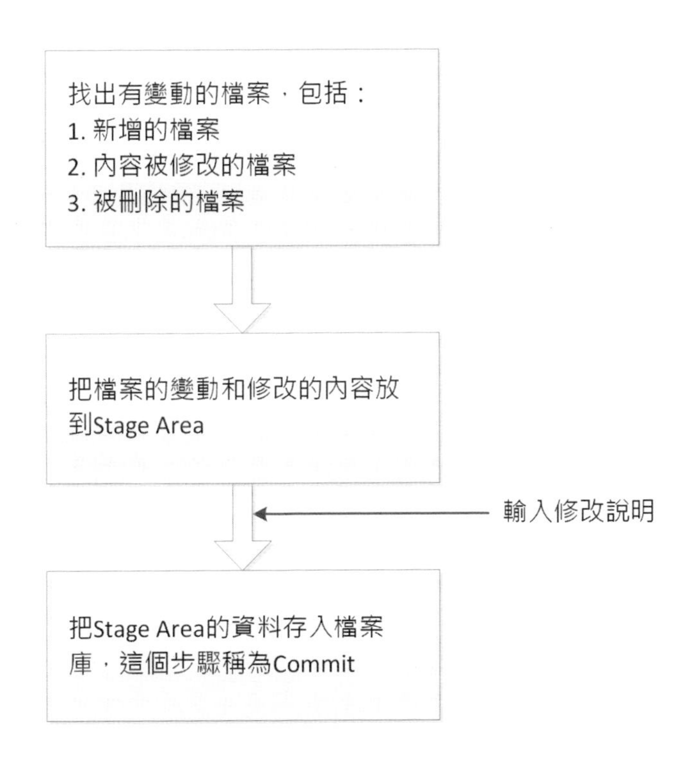

圖 2-7　Git 操作的三個基本步驟

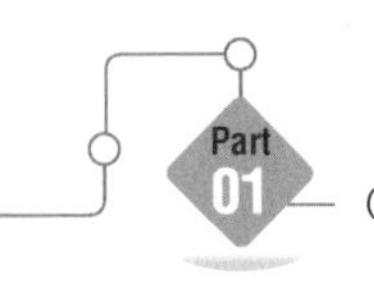

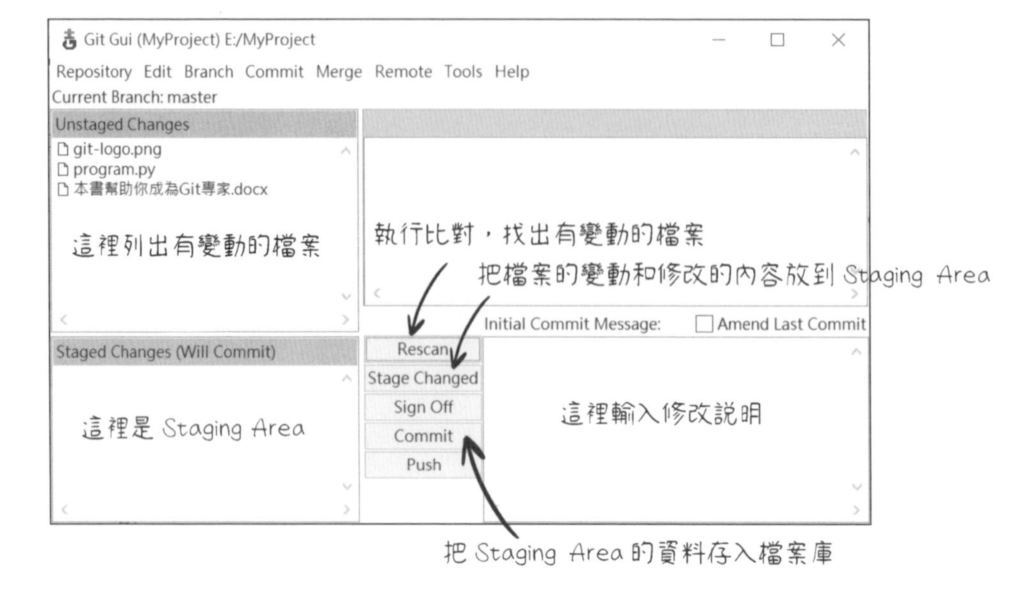

圖 2-8 Git GUI 程式操作說明

6 STEP 接著按下 Stage Changed 按鈕，螢幕會出現一個對話盒，說明有 3 個 Untracked files（還沒被追蹤的檔案，也就是新檔案的意思）。按下是，就會把修改的內容放到 Staging Area，也就是左下角的窗格。

7 STEP 在把 Staging Area 的內容存入檔案庫以前，必須先在右下角窗格輸入修改說明，例如「建立 Git 教學範例」。最後按下 Commit 按鈕，就會把 Staging Area 的內容存入 Git 檔案庫。所有窗格中的資料都會清空，表示所有更動的檔案都已經完成儲存。

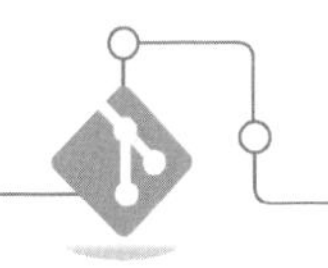

8 STEP 接下來讓我們檢視儲存的結果。請參考圖 2-9 的操作畫面，選擇功能表的 Repository > Visualize All Branch History，就會出現另一個視窗，顯示 Git 檔案庫裡頭的 Commit 資訊，如圖 2-10。這個程式叫做 gitk，它也是我們要介紹的另一個主角。

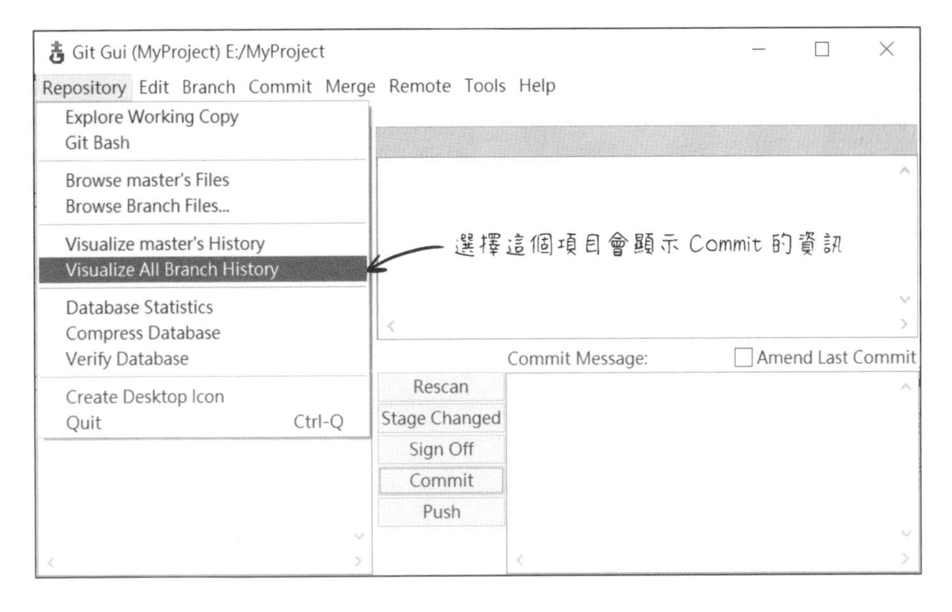

圖 2-9　啓動 Commit 檢視畫面

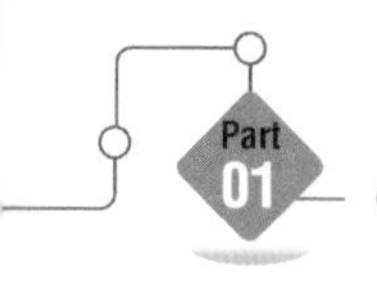

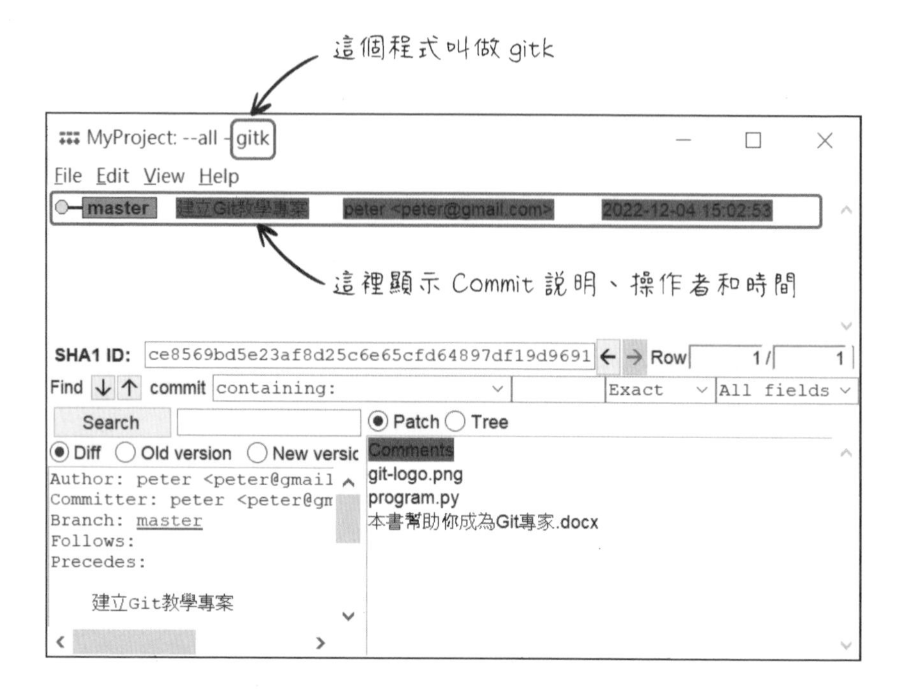

圖 2-10　用 gitk 程式檢視 Commit 資訊

現在讓我們設想一個狀況。如果在步驟 6 之後（也就是把檔案的更動放到 Staging Area），我們又去修改了某一個或是某幾個檔案，然後執行步驟 7，也就是把資料送進檔案庫儲存。這時候 Git 檔案庫裡頭儲存的是執行步驟 6 當時的內容，還是最後修改的內容？如果依照直覺來想，可能會覺得是最後修改的內容，但是正確答案是前者，也就是執行步驟 6 當時的內容。這是因為當我們按下 Stage Changed 按鈕時，是把當下檔案的變更放到 Staging Area。如果之後又去修改檔案，必須重新執行 Rescan 和 Stage Changed，才會包含最後修改的結果。這點很容易被初學者忽略，請特別留意。

Git Repository 的廬山真面目

Git 檔案庫其實是一個名稱叫做「.git」的子資料夾。Windows 檔案總管預設會把它隱藏起來，不會顯示給我們看。如果要看到這些隱藏的檔案和資料夾，必須改變 Windows 檔案總管的檢視選項（參考圖 2-11），然後就會看到如圖 2-12 的結果。一旦打開 Windows 檔案總管的隱藏檔案和資料夾的顯示功能之後，要特別注意，不可以把「.git」資料夾刪除。因為所有的檔案修改紀錄都在裡頭。一旦刪除它，所有的歷史資料都會消失，除非你有把 Git 檔案庫上傳到 Git 伺服器。

圖 2-11　讓 Windows 檔案總管顯示隱藏的資料夾和檔案

圖 2-12　Git 檔案庫其實是一個名稱叫做「.git」的子資料夾

我們已經完成第一次 Git 操作體驗，過程中不需要輸入任何指令，全部用圖形介面的方式完成。這種作法比較簡單、方便。但是如同前面曾經提到過，指令才能夠發揮 Git 完整的功能，尤其是遇到某些特殊狀況的時候，就非得用 Git 指令才能處理。因此花點時間學習 Git 指令的用法是值得的！接下來我們要介紹如何用 Git 指令來達到和前面操作流程一樣的結果。

2-3 用指令操作 Git

Git 指令必須在 Git Bash 程式中執行。要啟動 Git Bash 最簡單的方法是開啟檔案總管，找到要讓 Git 管控的資料夾，然後用滑鼠右鍵點它，再從選單中選擇 Git Bash Here（參考圖 2-13），就會啟動 Git Bash，而且自動切換到該資料夾。圖 2-14 是 Git Bash 程式的執行畫面。只要在畫面最後一行的提示字元後面輸入指令，按下 Enter 鍵，就會執行該指令。

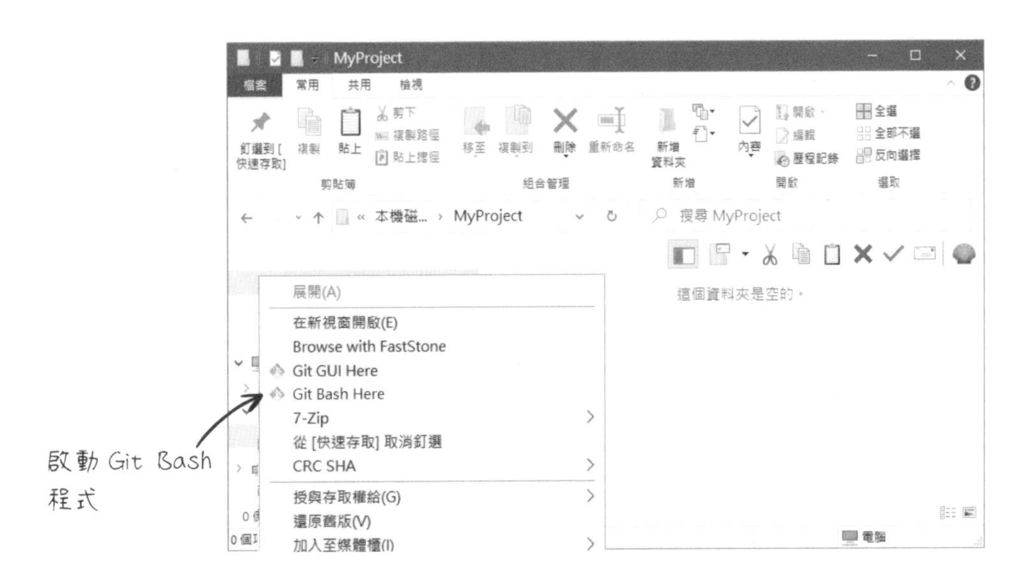

圖 2-13　啟動 Git Bash 程式

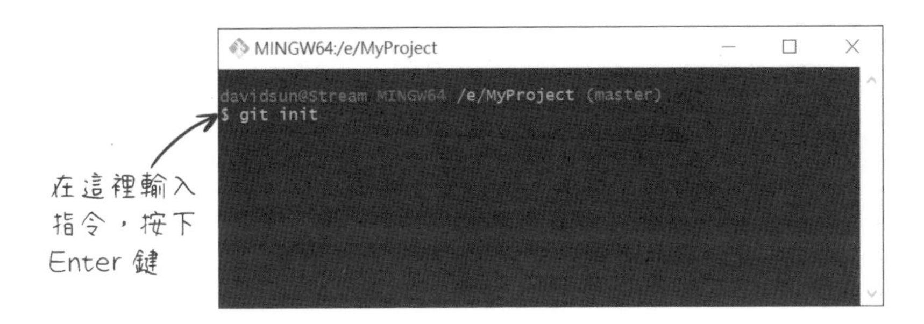

圖 2-14　Git Bash 程式執行畫面

另一種啟動 Git Bash 程式的方法，是從 Windows 程式集啟動它，然後在 Git Bash 視窗中，用 cd 指令切換到要管控的資料夾。假設我們的專案資料夾是 d 磁碟中的 MyProject，可以執行以下指令進行切換：

```
cd /d/MyProject
```

如果資料夾名稱中有空格，必須用單引號或是雙引號把資料夾路徑括起來，例如：

```
cd '/d/My Project'
```

接下來我們要用 Git 指令做出和前一小節的操作流程相同的結果。首先，我們要讓資料夾回復到還沒有被 Git 管控的狀態。這個不難，我們可以把前一個小節的資料夾中的檔案複製到一個新的資料夾，然後依照前面介紹的方法，在這個新資料夾中啟動 Git Bash 程式，再依照下列步驟操作。

執行以下指令完成 Git 檔案庫初始化：

```
git init
```

執行之後會顯示：

```
Initialized empty Git repository in 資料夾路徑/.git/
```

以上訊息最後是「.git」子資料夾，這就是我們在上一節解釋的情況。

執行以下指令檢視資料夾的狀態：

```
git status
```

以我們前一節的資料夾範例來說，會顯示：

```
On branch master

No commits yet

Untracked files:
  (use "git add <file>..." to include in what will be committed)
        git-logo.png
        program.py
"\346\234\254\346\233\270\345\271\253\345\212\251\344\275\24
0\346\210\220\347\202\272Git\345\260\210\345\256\266.docx"

nothing added to commit but untracked files present (use "git
add" to track)
```

請留意粗體字的部分，它列出三個 Untracked files，和前一小節的結果一樣。其中有一個檔案是中文檔名，但是 Git Bash 程式無法正確顯示中文。不過這不會造成任何問題，因為 Git 還是可以正常運作。上面訊息的最後一行還提示我們可以用 git add 指令來處理！

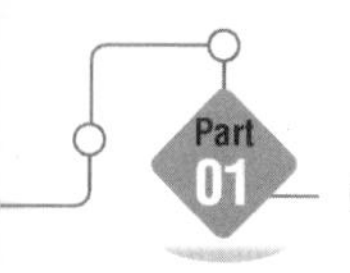

3 STEP 接下來要把這三個檔案的內容放到 Staging Area，這個動作的指令是：

```
git add -A
```

指令最後的「-A」是指令選項。它會把新檔案、有修改的檔案和刪除的檔案全部放到 Staging Area。

4 STEP 再一次執行步驟 2 的「git status」指令，會顯示以下訊息：

```
On branch master

No commits yet

Changes to be committed:
  (use "git rm --cached <file>..." to unstage)
        new file:   git-logo.png
        new file:   program.py
        new file:   "\346\234\254\346\233\270\345\271\253\345\212\251\344\275\240\346\210\220\347\202\272Git\345\260\210\345\256\266.docx"
```

粗體字部分同樣列出前面提到的三個檔案，但是這三個檔案已經被標示為 new file，並且已經準備好要送進 Git 檔案庫儲存。這是上一個步驟的「git add」指令做的事。

5 STEP 執行下列指令，把 Staging Area 的資料送進檔案庫儲存：

```
git commit -m '修改說明'
```

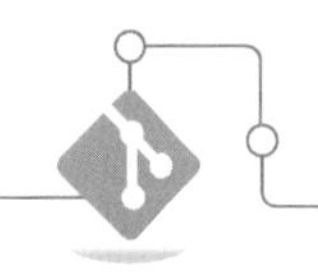

6 STEP 再一次執行「git status」指令，會顯示下列訊息：

```
On branch master
nothing to commit, working tree clean
```

它的意思是說：我們目前是在 master 分支，不需要執行 commit，資料夾內容沒有新的變更。

完成以上步驟之後，就會得到和上一個小節相同的結果。但是現在讀者心中可能有一個疑問：用指令要怎麼看 Commit 資訊？可不可以做到類似前一小節 gitk 程式的效果？答案是肯定的，下列指令會列出 Git 檔案庫裡頭的 Commit：

```
git log
```

以前面建立的 Git 檔案庫來說，執行上述指令會顯示以下訊息：

```
commit 6798aff14eea9bd58276917e9af63eac4b39ca81 (HEAD -> master)
Author: peter <peter@gmail.com>
Date:   Sun Apr 30 15:52:43 2023 +0800

    建立 Git 教學專案
```

這段訊息的第一行有一串很長的十六進位數字，它是這個 Commit 的識別碼，我們會在單元 5 說明它的用途。從第二行開始依序是操作者、日期和 Commit 說明。

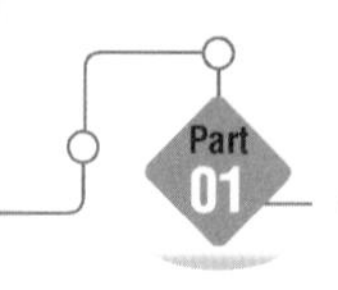

前面的「git log」指令其實沒有畫出類似 gitk 程式的結果，它只是把 Commit 依照時間先後順序列出來。我們可以在指令後面加上選項來控制它的輸出方式，以下是二個最常用的組合：

```
git log --graph
git log --graph --oneline
```

「--graph」選項會在每一個 Commit 前面加一個星號，做出類似 gitk 程式的效果。「--oneline」選項會限制每一個 Commit 資訊只佔一行。例如下列訊息是執行上面第一行指令的結果：

```
* commit 6798aff14eea9bd58276917e9af63eac4b39ca81 (HEAD -> master)
  Author: peter <peter@gmail.com>
  Date:   Sun Apr 30 15:52:43 2023 +0800

      建立 Git 教學專案
```

如果執行第二行指令，會得到下列結果：

```
* 6798aff (HEAD -> master) 建立 Git 教學專案
```

本書附錄提供常用的 Git 指令使用說明供讀者參考。

Git 指令和圖形介面是相輔相成的操作方式。我們也可以用指令啟動 Git GUI 和 gitk 程式：

```
git gui&
gitk&
```

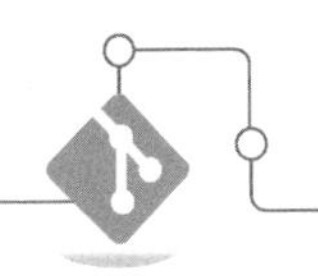

第一行是啟動 Git GUI，指令最後的「&」是避免指令視窗被鎖住，第二行指令是啟動 gitk 程式。反過來，也可以從 Git GUI 功能表的 Repository > Git Bash 啟動指令視窗，如圖 2-15。

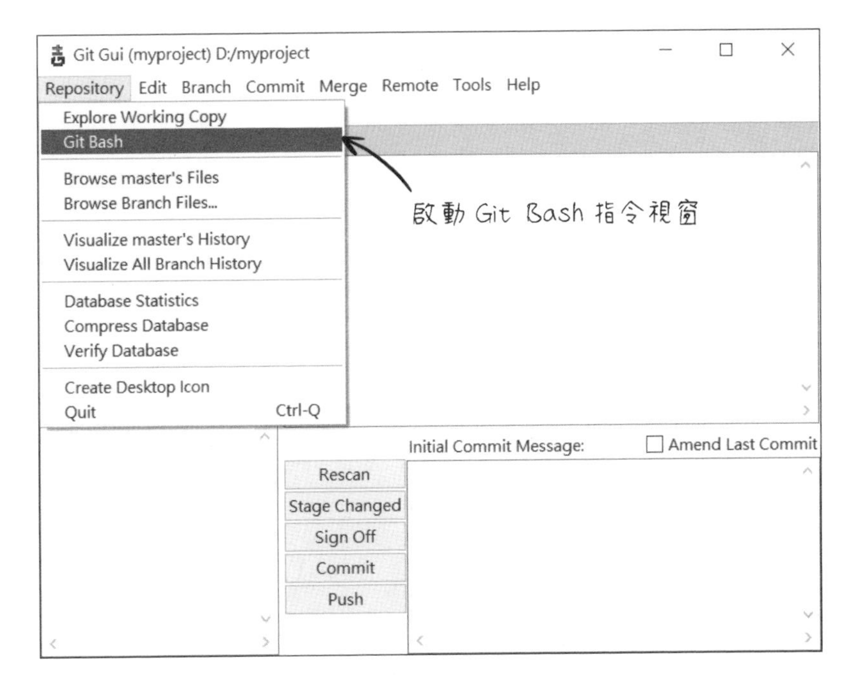

圖 2-15　從 Git GUI 啟動 Git Bash 指令視窗

Git 指令可以和前一小節介紹的圖形操作交互運用。例如執行「git init」之後，可以啟動 Git GUI，選擇 Open Existing Repository，打開 Git 管控的資料夾，再進行操作。或是在 Git GUI 按下 Stage Changed 按鈕之後，再用「git commit」指令把 Staging Area 的資料存入檔案庫。

基本上，比較常用的操作都可以用 Git GUI 完成。如果遇到特殊情況，無法用 Git GUI 處理，這時候再開啟 Git Bash 視窗來執行 Git 指令。

顯示 Git 指令說明

單獨執行「git」指令會顯示輔助說明。執行「git help -a」則顯示完整的指令清單。執行「git 指令 --help」（例如「git init --help」）會顯示該指令的網頁說明檔。

如果指令太長，想要換到下一行繼續輸入，可以用反斜線字元'\'結尾，然後按下 Enter 鍵，繼續輸入。

Git 的術語

執行 Git 指令時，常常會顯示一些訊息，訊息中可能會出現一些專用術語，以下是一些常見術語的說明：

1. Working Tree

   它是指目前這個資料夾。因為資料夾是一個樹狀結構，所以 Git 將它稱為 Working Tree。

2. Index

   它就是 Staging Area，也就是用來儲存檔案修改的內容。把檔案修改的內容放到 Index 稱為 Stage，從 Index 移除稱為 Unstage。

開始追蹤檔案的變動

一旦 Git 開始管控資料夾，它就會持續追蹤該資料夾內容的變動，包括新增檔案、刪除檔案和修改檔案內容。對於不同類型的檔案，Git 會用不同的方式標示內容的改變。在開始介紹 Git 如何追蹤檔案的變動之前，我們先試試看如何從 Git 檔案庫中取出檔案。

從 Git 檔案庫中取出檔案

我們來做一個很簡單的測試，就是把資料夾中的檔案全部刪除，但是「.git」資料夾除外。因為把它刪除，Git 檔案庫就不見了！刪除檔案之後，我們要從 Git 檔案庫取回全部檔案。

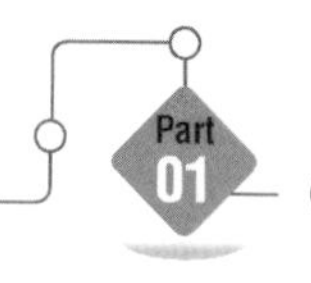

我們以上一個單元示範的 MyProject 資料夾為例，首先開啟檔案總管，刪除 MyProject 資料夾裡頭的三個檔案。接下來開啟 Git GUI，進入 MyProject 資料夾，按下 Rescan 按鈕，會看到圖 3-1 的結果。左上角窗格會顯示被刪除的檔案，檔名前面出現問號，表示該檔案被刪除了。

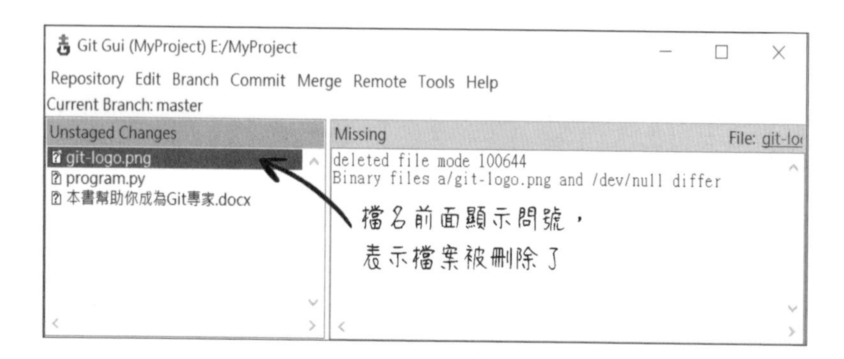

圖 3-1　Git GUI 偵測到被刪除的檔案

或者也可以在 Git Bash 視窗執行上一個單元學過的 git status 指令，它會顯示下列訊息：

```
On branch master
Changes not staged for commit:
  (use "git add/rm <file>..." to update what will be committed)
  (use "git restore <file>..." to discard changes in working directory)
        deleted:    git-logo.png
        deleted:    program.py
        deleted:    "\346\234\254\346\233\270\345\271\253\345\
212\251\344\275\240\346\210\220\347\202\272Git\345\260\210\
345\256\266.docx"
```

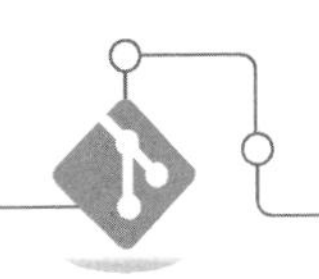

它的意思也是說有三個檔案被刪除了。

現在我們要讓 Git 幫我們還原被刪除的檔案。如果是用 Git GUI，可以從功能表選擇 Branch > Reset（參考圖 3-2），它會還原我們對資料夾所作的更動。以這個例子而言，就是把刪除的檔案從檔案庫取回來。執行這項功能會顯示一個確認對話盒，按下「是」即可。Git GUI 左上角顯示的三個檔案會消失，因為現在資料夾的內容已經和原來一樣。

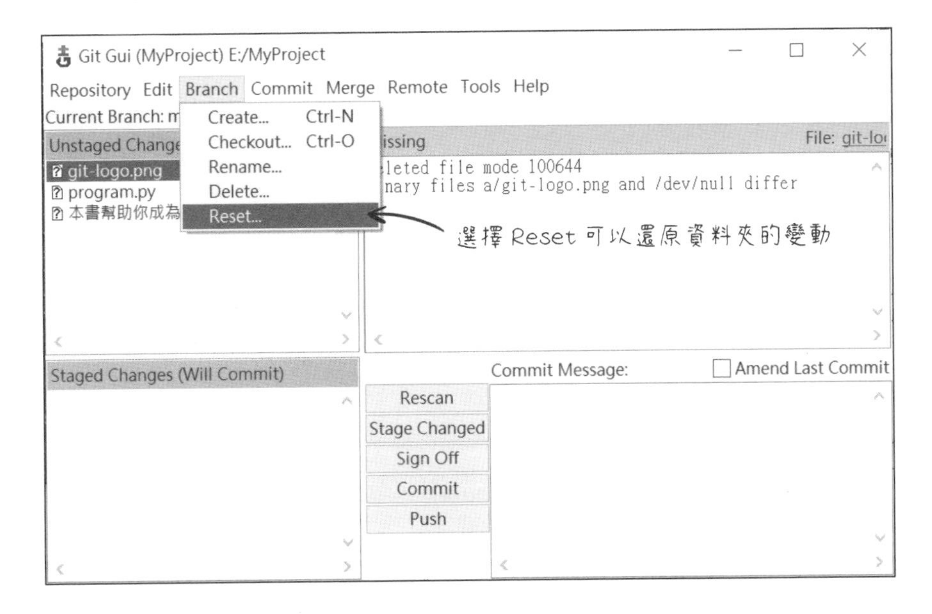

圖 3-2　用 Git GUI 還原我們對資料夾所作的更動

還原資料夾的變動也可以用下列指令達成：

```
git reset --hard @
```

「--hard」是指令選項，表示要更新資料夾的內容，「@」是指定使用 Git 檔案庫中的最新版本，也就是最後一次執行 Commit 時資料夾的狀態，用 Git 的術語來說，叫做 HEAD。關於 Git 檔案庫中儲存的版本，和 Commit 的關係，會在單元 5 作詳細的介紹。執行以上指令後會顯示下列訊息，其中有一個十六進位數字，它是 Commit 的識別碼。如果讀者在自己的電腦上操作，這個識別碼會不一樣。這行文字的意思是說，資料夾的內容已經回復到 Git 檔案庫的最新版本的狀態。

```
HEAD is now at 6798aff 建立Git教學專案
```

這雖然只是一個簡單的測試，但是它讓我們親身體驗到 Git 神奇之處，只要一個簡單的動作，就可以在瞬間讓資料夾的內容回復到過去的狀態。這只是 Git 的牛刀小試，後續我們會再見識到 Git 更強大的威力！

git 指令的「長」選項和「短」選項

讀者會發現有時候 Git 指令的選項是用一個「連結字元」開頭，像是「-m」，有時候卻是用二個「連結字元」開頭，像是「--hard」，為什麼呢？其實使用一個「連結字元」開頭的選項只是簡便的形式，我們也可以把它換成完整的寫法，例如「git commit -m '說明'」的完整形式是「git commit --message='說明'」（選項後面的「=」可以省略）。簡便形式只是縮短指令的長度，以方便輸入，但是並非每一個選項都有簡便的形式。我們可以執行「git 指令 --help」叫出指令的網頁說明檔，裡頭有完整的指令選項說明。

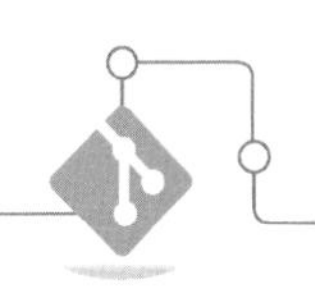

3-2 Git 如何追蹤不同類型的檔案

現在我們來修改資料夾中的檔案，看看 Git 會有什麼回應。我們先從最簡單的純文字檔開始，也就是「program.py」這個程式檔，我們把它的內容改成：

```
# 顯示文字
print('Git GUI 是圖形操作介面')
```

儲存修改後的檔案，然後開啟 Git GUI，按下 Rescan 按鈕，會看到圖 3-3 的結果。

這個窗格會顯示檔案修改了哪些部分

Git Gui (MyProject) E:/MyProject
Repository Edit Branch Commit Merge Remote Tools Help
Current Branch: master
Unstaged Changes
program.py
Modified, not staged　File: progra
```
@@ -1,2 +1,2 @@
 # 顯示文字
-print('Hello Git.')
+print('Git GUI是圖形操作介面')
```
Commit Message:　Amend Last Commit
Staged Changes (Will Commit)
Rescan
Stage Changed
Sign Off
Commit
Push

圖 3-3　修改純文字檔之後顯示檔案差異

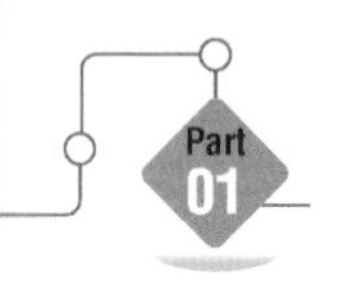

Git GUI 畫面右上角的窗格會顯示修改後的檔案，和儲存在 Git 檔案庫中的檔案內容的差異。第一次看到這樣的格式一定會滿頭霧水，完全不懂它要表達什麼！沒關係，現在我們就來把它解釋清楚。首先，第一行用「@@」開頭，表示這一段是檔案有修改的部分。

「@@」後面的二個數字，也就是-1, 2。負號表示這二個數字是用來描述原來的檔案，1 代表後面的內容是從第 1 行開始，2 表示有總共有 2 行。接下來二個數字，也就是+1, 2。正號表示這二個數字是描述修改後的檔案，1 代表後面的內容是從第 1 行開始，2 表示有總共有 2 行。

「@@」開頭的下一行會同時列出檔案原來和修改後的內容。黑色表示該行沒有變動，紅色以「-」號開頭表示該行是原來檔案的內容。綠色以「+」開頭表示該行是修改後的內容。

Git 對於文字檔的變動是以一行一行為單位來判斷。就算一行中只變更幾個字，還是會把整行用新的內容取代，所以才會看到圖 3-3 的結果。那如果檔案很長，有很多段被修改會怎麼表示？其實很簡單，Git 會顯示很多段以「@@」開頭的內容，每一段的解讀方式就如同上面的說明。

如果不用 Git GUI，也可以用指令的方式來找出修改的內容，這個指令是 git diff，它有二個基本用法：

```
git diff
git diff 檔案名稱
```

第一行會檢查資料夾中全部的檔案，列出每一個檔案有更動的部分。第二行只會檢查指定的檔案。以前面的例子來說，如果在 Git Bash 程式執行第一行指令，會顯示下列訊息：

```
diff --git a/program.py b/program.py
index 0a96cf7..a70b24f 100644
--- a/program.py
+++ b/program.py
@@ -1,2 +1,2 @@
 # 顯示文字
-print('Hello Git.')
+print('Git GUI 是圖形操作介面')
```

訊息中粗體標示的部分和圖 3-3 顯示的內容是一樣的，但是前面還多了一些訊息，它的意思是把「program.py」這個檔案分成 a 和 b 二個版本，a 版本是原來的，用「-」表示，b 版本是修改後的，用「+」表示，和前面的解釋是一樣的。

接下來讓我們試試看修改 Word 文件檔，看看 Git 會如何顯示差異，圖 3-4 是修改後的 Word 檔。我們總共做了三項修改，請參考圖中的說明。修改後開啟 Git GUI，按下 Rescan 按鈕後會看到圖 3-5 的結果。Git 同樣是用「@@」開頭來表示內容的差異，但是字體大小的變更和表格的編排並沒有展現出來。

我們把第一行文字放大，改成粗體字
然後加入第二行，和一個新表格

Git 可以追蹤資料夾內容的變動

這是第二行

表格第一欄	表格第二欄

圖 3-4　修改後的 Word 文件檔

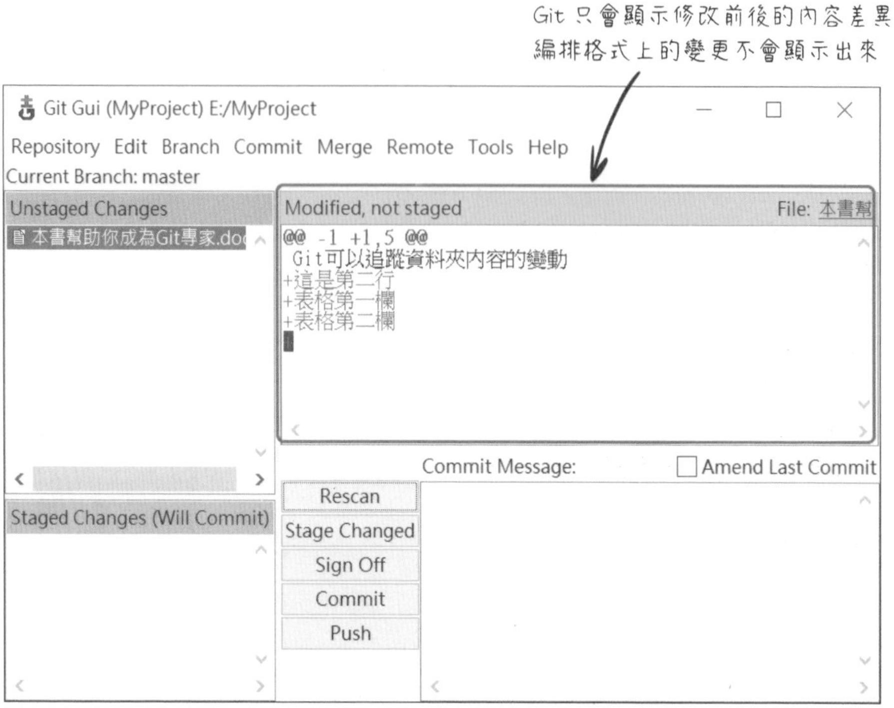

圖 3-5　Git 顯示 Word 文件檔修改前後的內容差異

最後我們試試看修改影像檔，例如將它縮小，然後儲存，再開啟 Git GUI，按下 Rescan 按鈕，就會看到圖 3-6 的結果。因為影像檔是二進位檔，它的內容不是文字，所以 Git 只會顯示檔案有更動，不會顯示內容的差異。

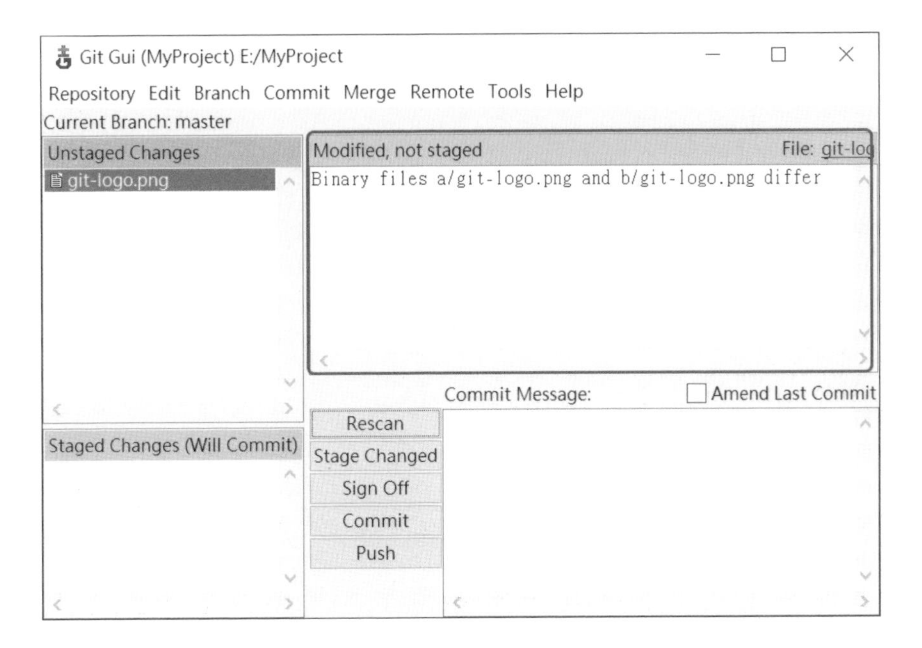

圖 3-6　Git 顯示影像檔有被修改

以上是用 Git GUI 檢視不同類型的檔案被修改後的內容差異。如果我們換成用 Git Bash 視窗，執行 git diff 指令，則會顯示下列結果。為了方便讀者檢視，我們把不同檔案的差異用不同字型標示。讀者可以和前面 Git GUI 的顯示方式做對照，基本上內容是一樣的。

```
diff --git a/git-logo.png b/git-logo.png
index 0fa867e..7c8e04b 100644
Binary files a/git-logo.png and b/git-logo.png differ
diff --git a/program.py b/program.py
index 0a96cf7..a70b24f 100644
--- a/program.py
```

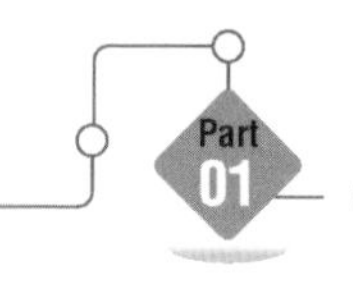


```
+++ b/program.py
@@ -1,2 +1,2 @@
 # 顯示文字
-print('Hello Git.')
+print('Git GUI 是圖形操作介面')
diff --git "a/\346\234\254\346\233\270\345\271\253\345\212\
251\344\275\240\346\210\220\347\202\272Git\345\260\210\345\
256\266.docx" "b/\346\234\254\346\233\270\345\271\253\345\
212\251\344\275\240\346\210\220\347\202\272Git\345\260\210\
345\256\266.docx"
index eac0522..3657320 100644
---
"a/\346\234\254\346\233\270\345\271\253\345\212\251\344\275\240\34
6\210\220\347\202\272Git\345\260\210\345\256\266.docx"
+++
"b/\346\234\254\346\233\270\345\271\253\345\212\251\344\275\240\34
6\210\220\347\202\272Git\345\260\210\345\256\266.docx"
@@ -1 +1,5 @@
 Git 可以追蹤資料夾內容的變動
+這是第二行
+表格第一欄
+表格第二欄
```

3-3 把修改後的檔案存入檔案庫

解釋完 Git 如何追蹤檔案的更動之後，現在我們來把修改後的檔案存入 Git 檔案庫，這個操作流程和上一個單元是一樣的。

STEP 1 如果 Git GUI 程式還沒有關閉，可以直接點選它。如果 Git GUI 程式已經關閉，就重新啟動它，然後開啟目前操作的這個資料夾。

STEP 2 按下 Rescan 按鈕，左上角會顯示有變更的檔案。

STEP 3 按下 Stage Changed 按鈕，把修改的內容放到 Staging Area。

STEP 4 在右下角窗格輸入修改說明，然後按下 Commit 按鈕。

現在我們來檢視一下 Git 檔案庫的內容，選擇 Git GUI 功能表 Repository > Visualize All Branch History，叫出 gitk 程式，就會出現圖 3-7 的畫面。我們會發現在左上角多了一個點，每一個點都是執行 Commit 之後，存入檔案庫的新版本。我們可以點一下要檢視的版本，下方窗格會顯示該版本有修改的檔案，以及檔案中修改的內容。

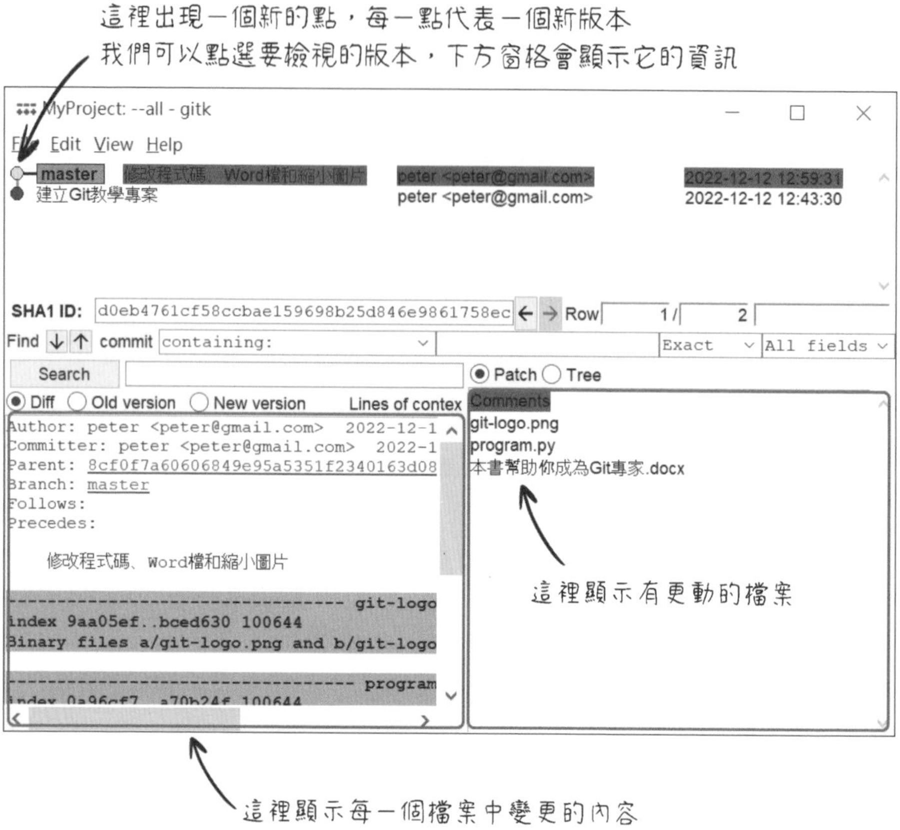

這裡出現一個新的點，每一點代表一個新版本
我們可以點選要檢視的版本，下方窗格會顯示它的資訊

這裡顯示有更動的檔案

這裡顯示每一個檔案中變更的內容

圖 3-7　檢視 Git 檔案庫

操作 Git 就和人生一樣，不可能永遠不會出差錯！如果我們執行完 Commit 才想到輸入的說明不夠完整，或是有些檔案的修改暫時還不想要存入 Git 檔案庫，這時候該怎麼辦？遇到這種情況有二個選擇：

1. 修改最後一次 Commit 的內容。
2. 刪除最後一次 Commit，回到還沒執行 Commit 之前的狀態。

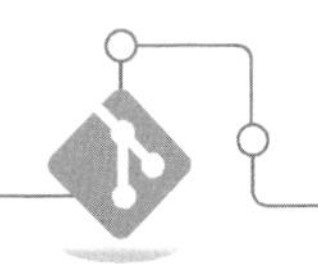

這裡先介紹第一種做法，第二種做法留到單元 8 再做介紹。

要修改最後一次 Commit 的內容，只要在 Git GUI 程式畫面勾選 Amend Last Commit（參考圖 3-8），Staging Area 和 Commit Message 這二個窗格就會顯示最後一次 Commit 的內容，我們可以對它們進行修改，例如在 Staging Area 按一下某一個檔案名稱最前面的小圖示，就可以排除該檔案。修改完畢後，按下 Commit 按鈕即可。

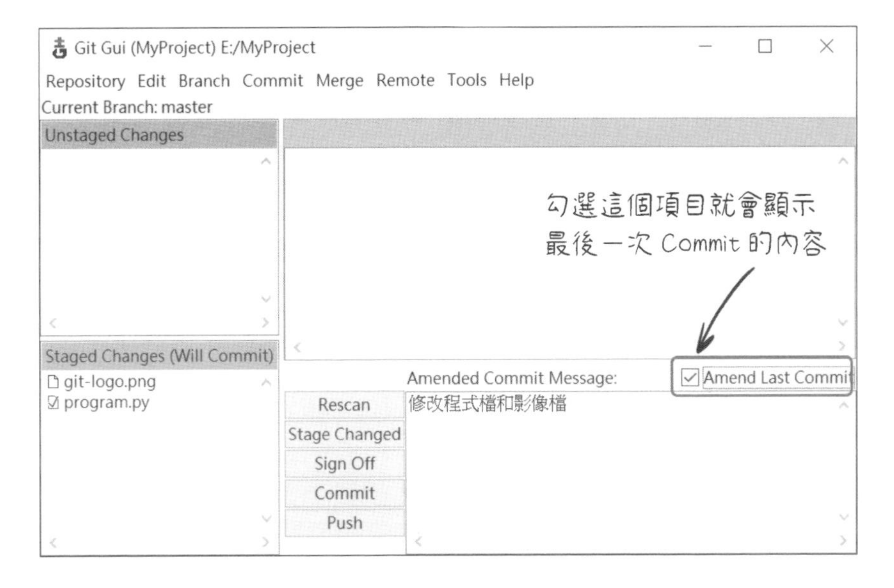

圖 3-8　修改最後一次 Commit 的內容

到目前為止，我們已經學會如何用 Git 記錄資料夾中檔案的變動，以及檢視檔案中修改的內容。大型程式專案的檔案數量可能有幾十個，甚至上百個。而且有些檔案是在建置專案的過程中，產生的暫時性檔案。這些暫時性檔案不需要存入 Git 檔案庫，所

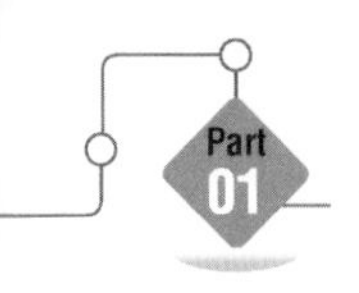

以我們要在 Commit 的時候將它們排除。另外，對於比較長的程式檔，在比對程式碼的修改時，我們希望有更容易的檢視方式，而不是用前一小節介紹的「@@」這種格式來展現。因此接下來，我們要介紹如何利用 Git 的設定檔，讓 Git 變得更好用。

排除檔案和使用 Git 設定檔

看過前面的介紹和操作示範，相信讀者對於 Git 的運作和操作方式已經有了初步的認識，並且了解 Git 如何處理不同類型的檔案。但是如果要用 Git 管理真正的程式專案資料夾，還需要學會一些進階技巧，像是如何忽略一些不重要的檔案，不要讓它們存入 Git 檔案庫，以節省儲存空間，並提升執行效率。另外還可以透過設定檔，控制 Git 的運作方式。

4-1 排除不需要存入檔案庫的檔案

不同程式專案的檔案數量都不一樣，有些比較多、有些比較少，有些甚至還有很多層的子資料夾。程式專案裡頭的檔案和子資料夾，有些是必要的，有些則是暫時性的，像是程式編譯過程產生的暫存檔就是屬於暫時性檔案。這些暫時性檔案和資料夾不需要送進 Git 檔案庫儲存，因為每一次編譯程式的時候都會自動產生，所以我們應該要把它們從儲存清單中排除，這樣可以減少 Git 檔案庫佔用的儲存空間，也可以提升 Git 執行的速度。

在介紹如何讓 Git 排除特定檔案和資料夾之前，我們先解釋 Git 追蹤檔案的方式。Git 會將檔案和資料夾分成以下三類：

1. 尚未被追蹤的（Untracked）
2. 已經被追蹤的（Tracked）
3. 被忽略的（Ignored）

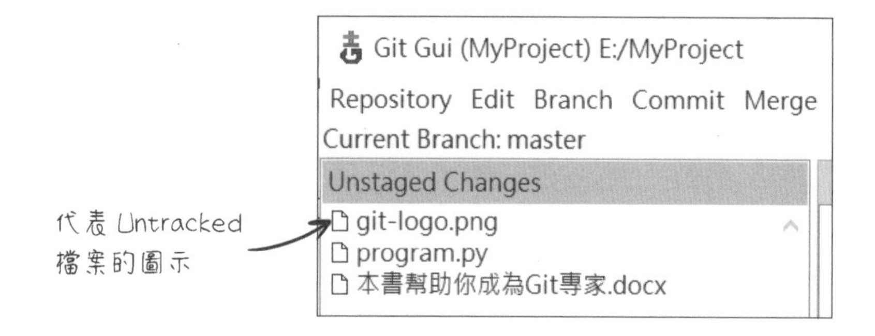

圖 4-1　Git GUI 顯示 Untracked 檔案

一開始的時候，資料夾中所有檔案和子資料夾都是 Untracked。如果在 Git GUI 程式按下 Rescan 按鈕，Untracked 檔案前面會用圖 4-1 的圖案標示。或者也可以在 Git Bash 程式執行 git status 指令，它也會列出 Untracked 檔案清單，例如以下是我們在單元 2-3 步驟 2 執行 git status 指令的結果：

```
On branch master

No commits yet

Untracked files:
  (use "git add <file>..." to include in what will be committed)
        git-logo.png
        program.py        "\346\234\254\346\233\270\345\271\253\
345\212\251\344\275\240\346\210\220\347\202\272Git\345\260\210\
345\256\266.docx"

nothing added to commit but untracked files present (use "git add" to
track)
```

粗體字部分就是 Untracked 檔案清單。Untracked 檔案其實是表示 Git 第一次發現這個檔案。

正常來說，在 Git 管控的資料夾中，所有的檔案應該被歸類成 Tracked 或是 Ignored。Tracked 檔案表示已經加入 Git 檔案庫的檔案，Git 會持續追蹤它們的更動。Ignored 檔案則是我們要排除的檔案，也就是要求 Git 不要儲存和追蹤這些檔案。如果我們把 Untracked 檔案存入 Git 檔案庫，它就會變成 Tracked 檔案。如果我們要將它排除，不要存入 Git 檔案庫，就要用接下來要介紹的方式處理。

如果要讓 Git 不要追蹤特定檔案和子資料夾，必須在資料夾中建立一個名為.gitignore 的檔案，然後把要排除的檔案和子資料夾，逐一列在這個檔案裡頭，而且每個檔案和子資料夾都要獨立一行。我們用圖 4-2 的資料夾做示範，這個資料夾名稱叫做 MyProject，裡頭有二個子資料夾和四個檔案，以下是其中的.gitignore 檔案的內容，它表示要排除 temp 這個資料夾和 others.txt 檔。

```
temp
others.txt
```

如果我們讓 Git 管控這個資料夾，然後用 Git GUI 開啟它，會看到圖 4-3 的結果。讀者會發現左上角的窗格中沒有列出 temp 資料夾裡頭的檔案和 others.txt 檔，因為我們在.gitignore 檔案中排除了它們。

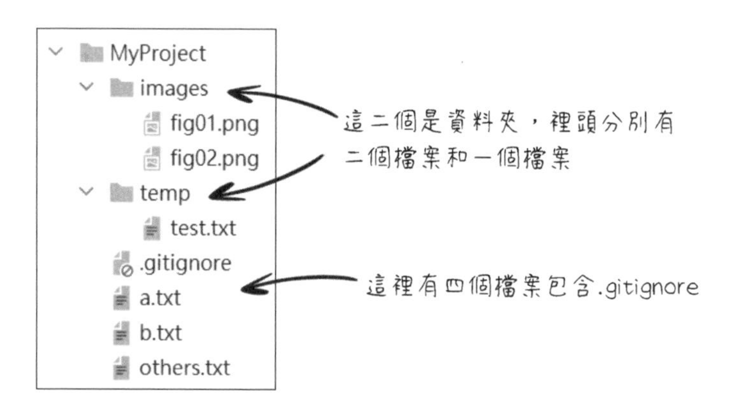

圖 4-2　MyProject 資料夾的內容

這裡沒有列出 temp 子資料夾中的檔案和 others.txt 檔，因為它們被.gitignore 檔排除了

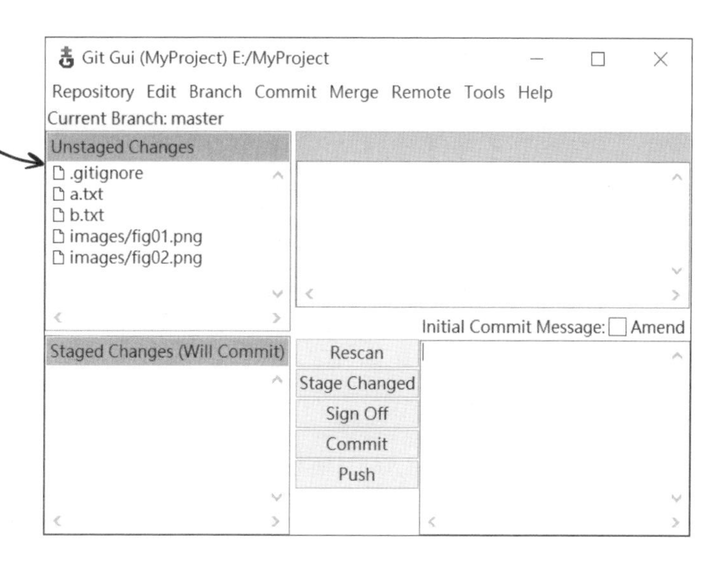

圖 4-3　Git GUI 列出的檔案清單

補充

如何建立.gitignore 檔

.gitignore 檔案名稱比較特殊，用 Windows 檔案總管沒辦法建立它，必須用指令的方式才可以。首先利用 Git GUI 主選單 Repository > Git Bash，啟動 Git Bash 指令視窗，然後執行下列指令：

```
touch .gitignore
```

就會在目前的資料夾建立一個.gitignore 檔。建立之後再用文字編輯程式將它開啟，進行編輯。如果要在子資料夾中建立.gitignore 檔，可以先利用 cd 指令切換到該子資料夾，再執行上述指令。

關於.gitignore 檔案的用法我們彙整說明如下：

1. .gitignore 檔案中可以用「#」字元開頭的方式加入註解。資料夾路徑是用「/」字元。檔案名稱可以使用萬用字元「*」，另外還可以使用「!」字元表示排除，例如以下範例表示要排除所有副檔名是 txt 的檔案，但是不包括 note.txt：

```
*.txt
# 不要排除 note.txt 檔
!note.txt
```

2. .gitignore 檔案的影響範圍是它所在的資料夾和其下的所有子資料夾。

3. 每一個資料夾都可以建立自己的.gitignore 檔案。如果它上層的資料夾也有.gitignore 檔案，它的設定也會套用到這個資料夾。例如我們可以在圖 4-2 的 images 子資料夾中建立一個.gitignore 檔，用它來排除特定的影像檔。

.gitignore 檔案的效果是在每一次 Commit 的時候，都排除特定檔案或資料夾。如果只在某一次 Commit 不想要包含某些檔案時該怎麼做？很簡單，就是不要把那些檔案放到 Staging Area 就好了。操作方式是在 Git GUI 畫面點選檔案名稱開頭的圖示（參考圖 4-4 的說明），檔案會在上下二個窗格之間移動。只要檔案不在下面的窗格（也就是 Staging Area），就不會存入 Git 檔案庫。

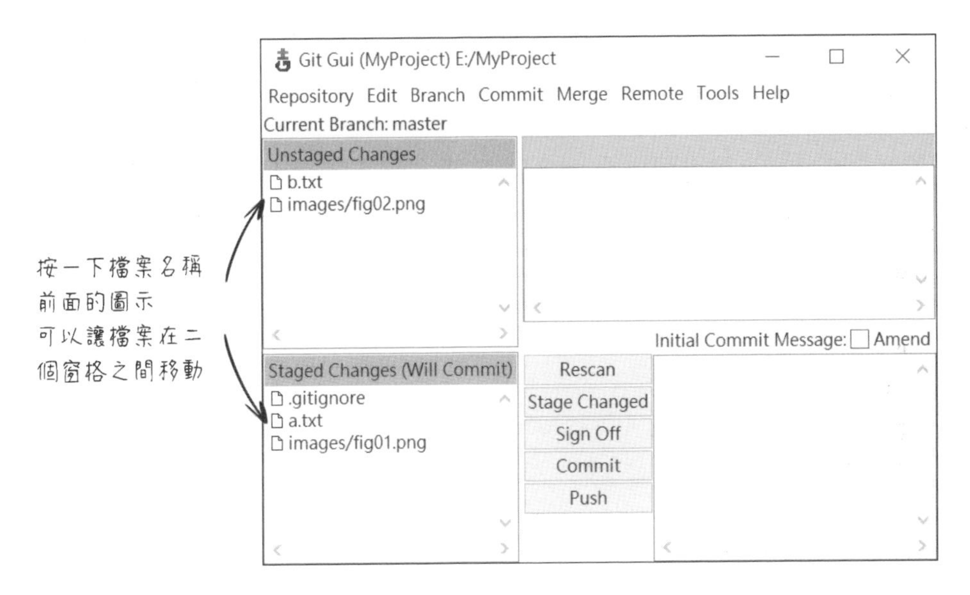

圖 4-4　把檔案加入和移出 Staging Area 的操作技巧

圖 4-4 的操作方式也可以用 Git 指令完成。要把檔案加入 Staging Area 必須使用 git add 指令，關於 git add 指令我們已經在單元 2 作過介紹，這裡再補充一些其他用法：

```
git add -A
git add -u
git add .
git add 檔案名稱 檔案名稱 …
```

第一行指令會把新檔案、有修改的檔案和刪除的檔案全部放到 Staging Area。第二行指令只會把有修改的檔案和刪除的檔案放到 Staging Area，新檔案不會做處理。第三行指令會把新檔案和有修改的檔案放到 Staging Area，但是不會處理被刪除的檔案。

第四行指令會把列出的檔案放到 Staging Area，其他檔案不會做處理。

執行 git add 之後，可以用 git status 指令顯示目前的狀態。如果要把已經放到 Staging Area 的檔案取消，可以使用 git reset 或是 git restore 指令：

```
git reset
git restore --staged .
git reset 檔案名稱 檔案名稱 …
git restore --staged 檔案名稱 檔案名稱 …
```

第一、二行指令會把 Staging Area 中全部的檔案取消，第三、四行指令只會取消指定的檔案。另外我們再提醒一次，用二個連結字元「--」開頭的是長選項，用一個連結字元「-」開頭的是短選項，請讀者留意。

接下來我們用一個實例來示範上述指令的執行效果。假設在某一個專案資料夾中，main.py 和 net.py 是二個已經被 Git 追蹤的檔案，db.py 則是新建立的檔案。現在假設我們又修改了 main.py 和 net.py 這二個檔案，然後執行以下指令：

```
git add main.py
git status
```

畫面會顯示以下訊息：

```
On branch master
Changes to be committed:
  (use "git restore --staged <file>..." to unstage)
        modified:   main.py

Changes not staged for commit:
  (use "git add <file>..." to update what will be committed)
  (use "git restore <file>..." to discard changes in working
   directory)
        modified:   net.py

Untracked files:
  (use "git add <file>..." to include in what will be committed)
        db.py
```

這段訊息有三個部分。第一個部分 Changes to be committed 是顯示 Staging Area 中的內容，它包含 main.py，因為我們已經用 git add 指令把它加入 Staging Area。第二個部分 Changes not staged for commit 是已經被修改，但是沒有加入 Staging Area 的檔案，它就是 net.py。第三部分 Untracked files 就是新建立的檔案，也就是 db.py。

接下來我們可以再利用 git reset 或是 git restore 指令，把 main.py 移出 Staging Area，或是用 git add 指令把 net.py 或是 db.py 加入 Staging Area。讀者不妨自己動手試試看。

4-2 使用 Git 設定檔

我們可以利用 Git 的設定檔來控制它的運作方式。Git 有三個不同層級的設定檔，它們有不同的優先權。高優先權檔案中的設定，會覆蓋低優先權檔案中相同的設定項目。以下依照優先權由高至低，依序介紹不同層級的設定檔：

1. 專案資料夾裡頭的.git 子資料夾中的 config 檔

   這個設定檔具有最高的優先權。也就是說，它的設定會覆蓋其他設定檔中相同的設定項目。但是這個設定檔只對它所在的專案資料夾有效。

2. 使用者帳號資料夾裡頭的.gitconfig 檔

   這個設定檔只對該帳號登入的使用者有效，而且它會套用到這個使用者所有的專案。依照優先權的原則，只有在第一個設定檔中沒有設定的項目，這個設定檔的設定才會生效。

3. Git 安裝資料夾裡頭的 mingw64\etc\gitconfig 檔

   這是公用設定檔，它會套用到這台電腦上所有的專案。而且只有前面二個設定檔中沒有設定的項目，這個設定檔的設定才會生效。

雖然我們現在才開始介紹 Git 設定檔，但是其實在單元 2 第一次執行 Commit 的時候，我們設定的操作者姓名和電子郵件，就是儲存在 Git 設定檔裡頭。當時是利用 Git GUI 功能表的 Edit > Options，叫出圖 4-5 的畫面。

對應到.git 子資料夾中的設定檔

對應到使用者帳號資料夾裡頭的設定檔

Git Gui (MyProject): Options

MyProject Repository	Global (All Repositories)
User Name:	User Name:
Email Address:	Email Address:
☐ Summarize Merge Commits	☐ Summarize Merge Commits
Merge Verbosity: 2	Merge Verbosity: 2
☑ Show Diffstat After Merge	☑ Show Diffstat After Merge
Use Merge Tool:	Use Merge Tool:
☐ Trust File Modification Timestamps	☐ Trust File Modification Timestamps
☐ Prune Tracking Branches During Fetch	☐ Prune Tracking Branches During Fetch
☐ Match Tracking Branches	☐ Match Tracking Branches
☑ Use Textconv For Diffs and Blames	☑ Use Textconv For Diffs and Blames
☐ Blame Copy Only On Changed Files	☐ Blame Copy Only On Changed Files
Maximum Length of Recent Repositories List: 10	Maximum Length of Recent Repositories List: 10
Minimum Letters To Blame Copy On: 40	Minimum Letters To Blame Copy On: 40
Blame History Context Radius (days): 7	Blame History Context Radius (days): 7
Number of Diff Context Lines: 5	Number of Diff Context Lines: 5
Additional Diff Parameters:	Additional Diff Parameters:
Commit Message Text Width: 75	Commit Message Text Width: 75
New Branch Name Template:	New Branch Name Template:
Default File Contents Encoding: utf-8 Change	Default File Contents Encoding: utf-8 Change
☐ Warn before committing to a detached head	☐ Warn before committing to a detached head
Staging of untracked files: ask	Staging of untracked files: ask
☑ Show untracked files	☑ Show untracked files
Tab spacing: 8	Tab spacing: 8
Spelling Dictionary:	Spelling Dictionary:
	Main Font: Microsoft JhengHei UI 9 pt. Change Font
	Diff/Console Font: 細明體 10 pt. Change Font

Restore Defaults　　Cancel　Save

圖 4-5　在 Git GUI 中設定 Git

圖 4-5 左半部的設定是對應到前面介紹的第一個設定檔，也就是.git 子資料夾中的 config 檔。右半部的設定則是對應到第二個設定檔，也就是使用者帳號資料夾裡頭的.gitconfig 檔。Git 可以設定的項目遠比圖 4-5 列出的項目還要多得多。最完整的方式是用 git config 指令來管理設定，我們可以在 Git Bash 程式中執行它。

如果要顯示 Git 目前的設定，可以執行下列指令：

```
git config -l
```

這個指令會顯示三個設定檔中所有的設定項目。開頭是優先權最低的設定，也就是 Git 安裝資料夾裡頭的設定檔內容。接著是優先權次高的設定，也就是使用者帳號的.gitconfig 檔的設定。最後是優先權最高的設定，也就是.git 子資料夾中的 config 檔的設定。下列是執行結果範例，其中大部分是 Git 預設項目，只有粗體標示的那四行是我們新增的設定。

```
diff.astextplain.textconv=astextplain
filter.lfs.clean=git-lfs clean -- %f
filter.lfs.smudge=git-lfs smudge -- %f
filter.lfs.process=git-lfs filter-process
filter.lfs.required=true
http.sslbackend=openssl
http.sslcainfo=C:/Program
Files/Git/mingw64/ssl/certs/ca-bundle.crt
core.autocrlf=true
core.fscache=true
core.symlinks=false
pull.rebase=false
credential.helper=manager-core
credential.https://dev.azure.com.usehttppath=true
init.defaultbranch=master
gui.encoding=utf-8
gui.recentrepo=E:/MyProject
user.email=peter@gmail.com
user.name=peter
http.sslcainfo=D:\Program Files\git\usr\ssl\certs\ca-bundle.crt
credential.http://60.250.84.228:54001.provider=generic
credential.https://gitlab.com.provider=generic
core.repositoryformatversion=0
core.filemode=false
core.bare=false
```

```
core.logallrefupdates=true
core.symlinks=false
core.ignorecase=true
gui.wmstate=normal
gui.geometry=720x465+232+107 273 217
```

一次顯示全部的設定項目會有點多，檢視上比較不方便。我們可以利用選項控制只顯示特定設定檔的內容：

```
git config --system -l
git config --global -l
```

第一行指令是顯示 Git 安裝資料夾裡頭的設定檔的內容，第二行指令是顯示使用者帳號裡頭的設定檔的內容。如果我們執行上面第一行指令，會顯示下列結果，讀者可以和前面顯示的訊息做比較，它就是前面那一段。

```
diff.astextplain.textconv=astextplain
filter.lfs.clean=git-lfs clean -- %f
filter.lfs.smudge=git-lfs smudge -- %f
filter.lfs.process=git-lfs filter-process
filter.lfs.required=true
http.sslbackend=openssl
http.sslcainfo=C:/Program
Files/Git/mingw64/ssl/certs/ca-bundle.crt
core.autocrlf=true
core.fscache=true
core.symlinks=false
pull.rebase=false
credential.helper=manager-core
credential.https://dev.azure.com.usehttppath=true
init.defaultbranch=master
```

git config 指令也可以用來加入新的設定，例如要把操作者姓名和電子郵件寫入.git 子資料夾中的設定檔時，可以執行下列指令：

```
git config user.name '操作者姓名'
git config user.email '操作者 email'
```

如果要換成寫入使用者帳號裡頭的設定檔，則要加上「--global」選項如下：

```
git config --global user.name '操作者姓名'
git config --global user.email '操作者 email'
```

如果要寫入 Git 安裝資料夾裡頭的設定檔，必須把「--global」選項換成「--system」。也就是說，我們是利用 git config 指令的選項來決定要寫入哪一個設定檔。

```
git config --system user.name '操作者姓名'
git config --system user.email '操作者 email'
```

如果要移除設定檔中的項目，可以利用「--unset」選項。例如要移除.git 子資料夾設定檔中的操作者姓名，可以執行以下指令：

```
git config --unset user.name
```

如果要移除的是其他設定檔中的項目，則視情況加入「--global」或是「--system」選項。

Commit 的進階用法和檔案比對軟體

這個單元有二個主題。第一是要介紹更多 Commit 的用法，它可以幫助我們從 Git 檔案庫中找到需要的資料。第二是要讓 Git 和外部檔案比對程式協同運作，這樣可以用更直覺的方式檢視檔案修改的地方。

Commit 順序和標籤

每一次執行 Commit，都會在 Git 檔案庫產生一個檔案的新版本。圖 5-1 是我們在單元 3-2 的操作範例中得到的 Commit 演進圖。我們總共執行了二次 Commit，所以圖 5-1 的最左邊有二個點。每一個點代表一個版本，舊版本在下面，新版本會向上延伸。

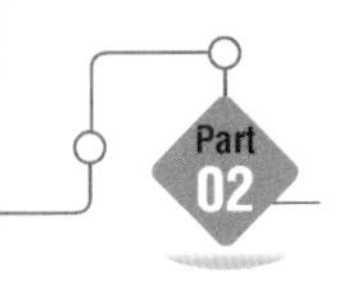

圖 5-1　Commit 演進圖

如果要用指令的方式檢視 Commit 演進圖，可以利用單元 2 介紹的 git log 指令，並且搭配「--graph」選項，執行之後會得到如下的結果。如果希望把每一個 Commit 的資訊縮減成一行，可以再加上「--oneline」選項。

```
* commit 254cf9b3c2063a48b8ac7ffdf9b1657b6c59e71d (HEAD -> master)
| Author: peter <peter@gmail.com>
| Date:   Sun Dec 18 09:55:53 2022 +0800
|
|     修改程式碼、Word 檔和縮小圖片
|
* commit d9b0a0b2f015ff89cc6605d5a9904449ee5eaa30
  Author: peter <peter@gmail.com>
  Date:   Sun Dec 18 09:47:57 2022 +0800

      建立 Git 教學專案
```

我們可以想像一下，如果 Commit 執行過很多次，圖 5-1 左邊的點會不斷地增加，並且往上延伸。我們把這些點的關係用圖 5-2 表示。圖 5-2 中有一個比較特別的地方，就是中間有二個點呈水

平排列，這是因為它有二個分支。分支的用法我們留到單元 7 再作介紹，請讀者先不用在意它是如何形成的，這裡的重點是放在如何表示 Commit 的順序。

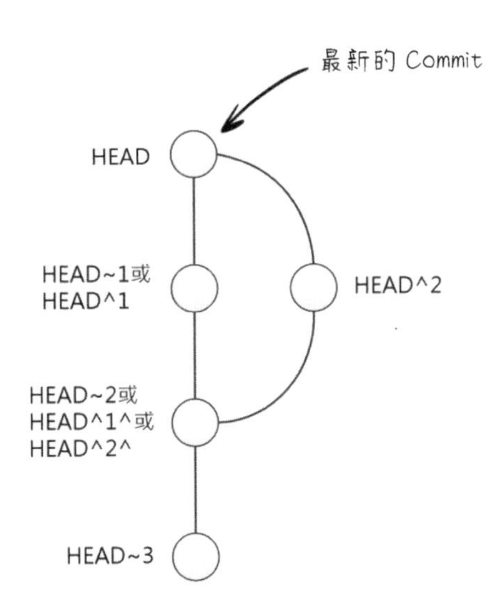

圖 5-2　Commit 關係圖

每一個 Commit 都有一個獨一無二的識別碼。圖 5-1 下方的 SHA1 ID 欄位會顯示目前選定的 Commit 的識別碼，或是執行 git log 指令也會顯示 Commit 的識別碼。Commit 的識別碼是用 16 進位表示，而且很長，這是為了確保不同的 Commit，一定會有不同的識別碼。在實際操作的時候，我們不需要使用完整的識別碼，通常只要複製最前面 5 位即可。複製識別碼的操作方式是先選取要複製的部分，然後按下 Ctrl + C。Git 在用識別碼尋找 Commit 的時候，會用我們給定的部分作比對。萬一真的出現前五位一樣的 Commit，Git 會顯示錯誤訊息（這種情況目前還沒遇到過）。

如果真的發生這種狀況，可以換成用 6 位甚至是 7 位的識別碼。使用的識別碼長度愈長，發生重複的機率就愈低。

圖 5-2 最上面的點是最新的 Commit，我們把它標示為 HEAD。每一個 Commit 演進圖都有一個 HEAD 指標。在預設情況下，這個 HEAD 指標會一直指到最新的 Commit。讀者可以看一下前面執行 git log 指令的輸出範例，第一行最後就出現 HEAD，因為它就是最新的 Commit。另外，我們也可以利用下列指令顯示最新的 Commit，或是某一個 Commit 的詳細資料：

```
git show HEAD
git show Commit 識別碼
```

HEAD 有一個更簡短的寫法，就是「@」。如果把上面指令的 HEAD 換成@，也會得到一樣的結果。以下是一個執行結果範例，它的內容包括完整的 Commit 識別碼、操作者、日期、說明，然後是每一個被修改的檔案的內容差異。

```
commit 254cf9b3c2063a48b8ac7ffdf9b1657b6c59e71d
Author: peter <peter@gmail.com>
Date:   Sun Dec 18 09:55:53 2022 +0800

    修改程式碼、Word 檔和縮小圖片

diff --git a/git-logo.png b/git-logo.png
index 1117669..0fa867e 100644
Binary files a/git-logo.png and b/git-logo.png differ
diff --git a/program.py b/program.py
index 0a96cf7..a70b24f 100644
--- a/program.py
```

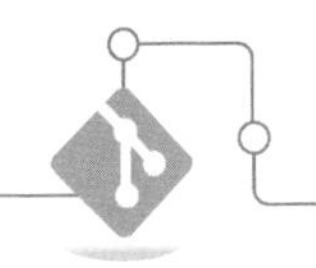


```
+++ b/program.py
@@ -1,2 +1,2 @@
 # 顯示文字
-print('Hello Git.')
+print('Git GUI 是圖形操作介面')
```

如果某一個 Commit 特別重要，我們可以把它貼上標籤，讓它更容易被找到。我們先介紹圖形介面的操作方式。首先叫出 gitk 程式，然後在左邊的 Commit 演進圖，用滑鼠右鍵點選 Commit 說明（參考圖 5-3），選擇 Create tag，就會出現圖 5-4 的對話盒。在 Tag name 欄位輸入標籤名稱，例如 release-v1.0，表示這個 Commit 是版本編號 1.0 的正式版。圖 5-5 是貼上標籤後的結果。

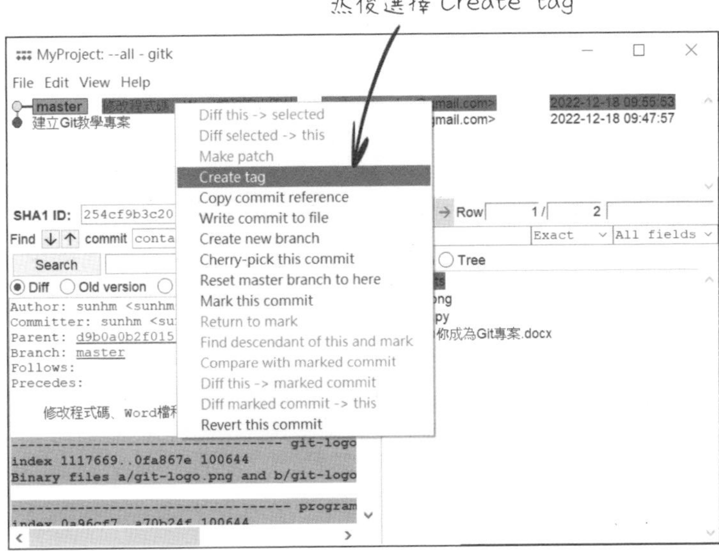

圖 5-3　在 gitk 程式幫 Commit 貼上標籤

圖 5-4　輸入標籤名稱

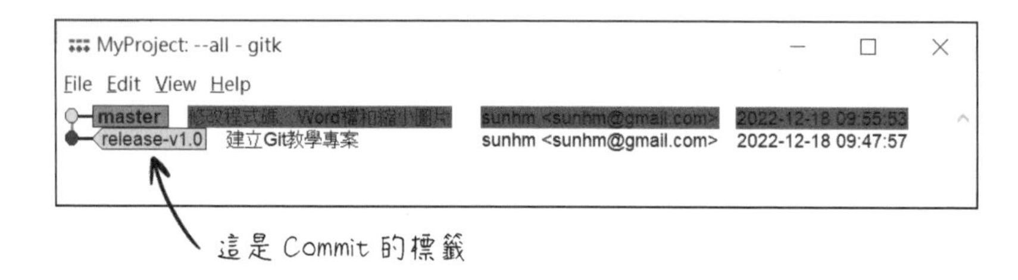

圖 5-5　幫 Commit 加上標籤

gitk 程式操作技巧

在 gitk 程式的 Commit 演進圖上，用滑鼠右鍵點選不同的位置，會出現不同的選單。例如讀者可以試看看點選 master，看會顯示什麼選單。master 是分支名稱，分支是 Git 很重要的功能，我們會在單元 7 作介紹。

如果要用指令的方式幫 Commit 貼上標籤，可以在 Git Bash 視窗執行下列指令：

```
git tag 標籤名稱 commit 識別碼
```

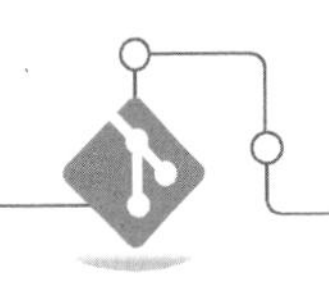

Commit 貼上標籤之後，就可以用標籤來取代識別碼。如果要移除標籤，可以利用以下指令。執行之後，標籤就會被移除。

```
git tag -d commit 標籤
```

由於 Commit 之間有先後順序的關係，我們可以從某一個 Commit 開始，找到比它更早的 Commit，格式如下：

```
Commit 標籤或是識別碼^數字
Commit 標籤或是識別碼~數字
```

第一種格式中的數字是當 Commit 有一個以上的父節點時（如圖 5-2 的 HEAD），可以用來指定哪一個父節點。如果只有一個父節點，就可以省略數字。我們可以重複使用「^」字元表示父節點的父節點，如圖 5-2 中示範的寫法。除了^字元之外，還可以用~字元，也就是上面的第二種格式，它用來表示哪一層父節點。例如「HEAD~1」表示 HEAD 的第一層父節點，「HEAD~2」表示 HEAD 的第二層父節點，依此類推，請參考圖 5-2 的範例。

用@代替 HEAD

前面介紹過 HEAD 可以簡寫成@，所以說「HEAD~1」可以寫成「@~1」，「HEAD^2」可以寫成「@^2」，依此類推。

5-2 設定檔案比對軟體

在單元 3 我們解釋過 Git 如何比對檔案。Git 會把比對結果，用「@@」開頭的格式來顯示文字內容的差異。這種方式只列出有修改的部分，無法看到完整的檔案內容，使用起來不是很方便。其實檔案比對有專門的軟體，它們會用更直覺的方式來呈現，更棒的是 Git 可以搭配這些專業的檔案比對軟體，這樣一來，二種工具就可以相輔相成，讓工作效率更加提升！

檔案比對軟體有很多選擇，其中使用率最高的當屬 Meld。它不僅功能完整，而且免費，還支援 Windows、Mac 和 Linux 平台。要安裝 Meld 可以先用 Google 找到它的官網，下載適合自己電腦使用的安裝檔。以 Windows 平台來說，就是 MSI 安裝檔。下載後執行它，然後全部使用預設值，就可以順利完成安裝。

圖 5-6 是啟動 Meld 後顯示的畫面。通常檔案比對軟體有二種常用的模式，第一種是比對檔案，第二種是比對資料夾。Meld 畫面上直接顯示這二種模式的按鈕。我們先示範檔案比對功能，先在圖 5-6 的畫面選擇 File，然後在按鈕下方欄位設定二個要比對的檔案。設定好之後，按下右下角的 Compare 按鈕。

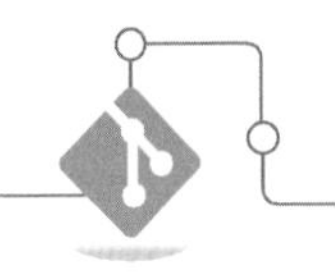

圖 5-6　Meld 的操作畫面

圖 5-7 是執行檔案比對後的畫面。它呈現的方式很直覺，整個檔案的內容都會列出來，而且不一樣的地方會被框起來。另外，在視窗左上角還有按鈕可以直接跳到上一個或是下一個內容不一樣的地方。這種方式比 Git 的作法還要清楚，而且更簡單易懂！如果要比對資料夾內容，可以在圖 5-7 的左上角按一下+按鈕，就會顯示圖 5-6 的畫面。按下 Folder 按鈕，在下方設定要比對的資料夾，最後按下 Compare 按鈕。

圖 5-8 是資料夾比對結果的畫面。在二個資料夾中，如果某一個檔案的內容不一致，它的檔名會用藍色標示。我們可以用滑鼠左鍵快按二下該檔案，就會出現類似圖 5-7 的畫面，讓我們檢視檔案內容的差異。

圖 5-7　Meld 顯示檔案差異的畫面

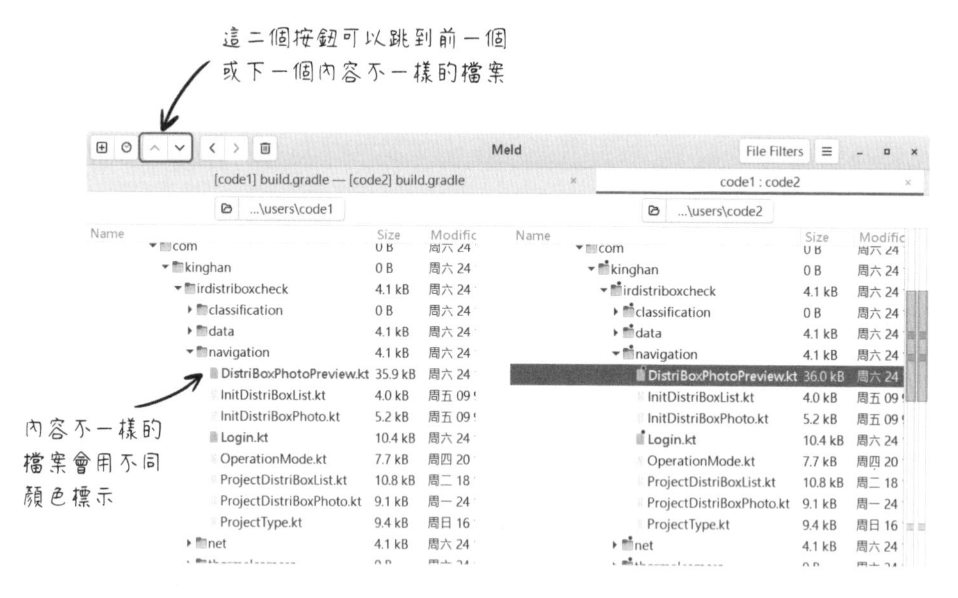

圖 5-8　Meld 顯示資料夾內容差異的畫面

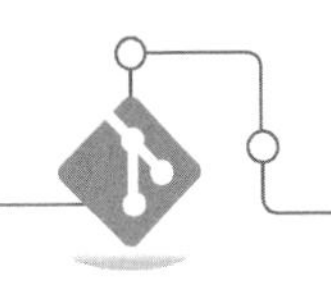

接下來我們要介紹如何讓 Meld 接手 Git 的檔案比對功能。Git 有一個 git difftool 指令，它可以讓我們自己指定想要用的檔案比對程式，然後 Git 就會把要比對的檔案傳給它處理。要設定檔案比對程式就是用前面學過的 git config 指令，請參考下列範例。我們可以在 Git Bash 視窗執行這些指令。

```
git config --global diff.tool meld
git config --global difftool.meld.path "這裡是Meld.exe執行檔的路徑"
git config --global difftool.prompt false
```

上面第二行指令最後要填入 Meld 執行檔路徑，例如"C:\Program Files\Meld\Meld.exe"。上面的 git config 指令都加入「--global」選項，表示要將這些設定套用到這台電腦上所有的專案。讀者可以依照自己的需求，改變這個選項。

設定好檔案比對程式之後，假設我們修改了資料夾裡頭的檔案，但是還沒有將修改後的結果存入Git檔案庫。這時候啟動Git Bash程式，執行 git difftool 指令，Git 就會啟動 Meld，然後把有更動的檔案交給它比對，於是我們就會看到類似前面圖 5-7 的結果。Git 的做法是一次只傳給 Meld 二個要比對的檔案，等我們檢視完這二個檔案的差異之後，關閉 Meld，Git 才會把下一組檔案再傳給 Meld，於是 Meld 又重新啟動，顯示這組新檔案的差異。這樣的循環會持續下去，直到要比對的檔案全部檢視完畢。

比對檔案庫中不同版本的差異和取回檔案

當我們把檔案的修改紀錄存入 Git 檔案庫之後，這些資料就變成我們的歷史備份。日後需要它們的時候，隨時可以從 Git 檔案庫取出。有時候，我們需要知道檔案在過去的某一段時間，做了哪些修改。這項工作其實就是比較 Git 檔案庫中不同版本的差異。在 Git 檔案庫中，一個 Commit 代表一個版本，我們可以任意指定二個 Commit 讓 Git 作比對，現在就來介紹它的用法。

比對不同版本的檔案

Git 比對檔案可以用 git diff 和 git difftool 這二個指令。git diff 指令是啟動 Git 內建的檔案比對功能，得到的結果就是前面單元介紹過的，以「@@」開頭的格式。如果檔案差異比較少，這種方式可以很快地檢視完不一樣的地方。如果檔案差異比較大，則可以換成使用 git difftool 指令，它會啟動我們設定的檔案比對程式。

git diff 和 git difftool 的用法完全一樣，它們可以搭配不同參數來指定要比對的 Commit 版本。為了幫助讀者瞭解，我們把不同參數搭配的用法整理如圖 6-1。為了簡化說明，圖 6-1 只列出 git difftool 指令，git diff 指令的用法可以依此類推。

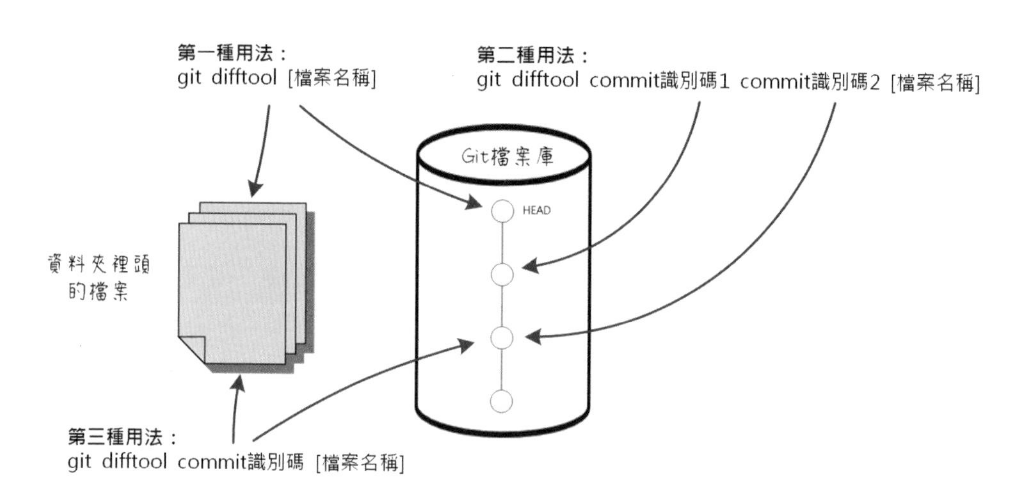

圖 6-1　git difftool 指令的用法

我們先看第一種用法，git difftool 指令後面只有檔名，這時候 Git 會比對資料夾中的檔案，和最新 Commit（也就是 HEAD）的差異。如果把檔名省略，則每一個檔案都會做比對。第二種用法是在 git difftool 指令後面加上二個 Commit 識別碼，這時候是比對這二個 Commit 的檔案內容差異。第三種用法是在 git difftool 指

令後面接一個 Commit 識別碼，這種情況是比對資料夾中的檔案，和指定 Commit 的檔案差異。以下是一些使用範例：

```
git difftool
git difftool 254cf d9b0a program.py
git difftool @ @^ program.py
git difftool @ release-v1.0.0
git difftool release-v1.0.0 program.py
```

第一行指令是第一種用法。第二到第四行指令是第二種用法，其中用到上一個單元學過的 Commit 指定方式，也就是使用識別碼、HEAD 指標、以及 Commit 標籤，release-v1.0.0 就是設定給某一個 Commit 的標籤。最後一行指令是第三種用法。

gitk 程式也可以用外部檔案比對程式來顯示檔案差異，圖 6-2 是它的操作步驟。首先點選要檢視的 Commit，然後在右下角窗格，用滑鼠右鍵點選要檢視的檔案，再選擇 External diff，就會啟動我們設定的檔案比對程式，並且把該檔案傳給它比對。gitk 程式只能夠比對相鄰二個 Commit 的檔案差異，無法隨意指定要比對的 Commit。如果想要比對二個不連續的 Commit，必須使用 git diff 或是 git difftool 指令。

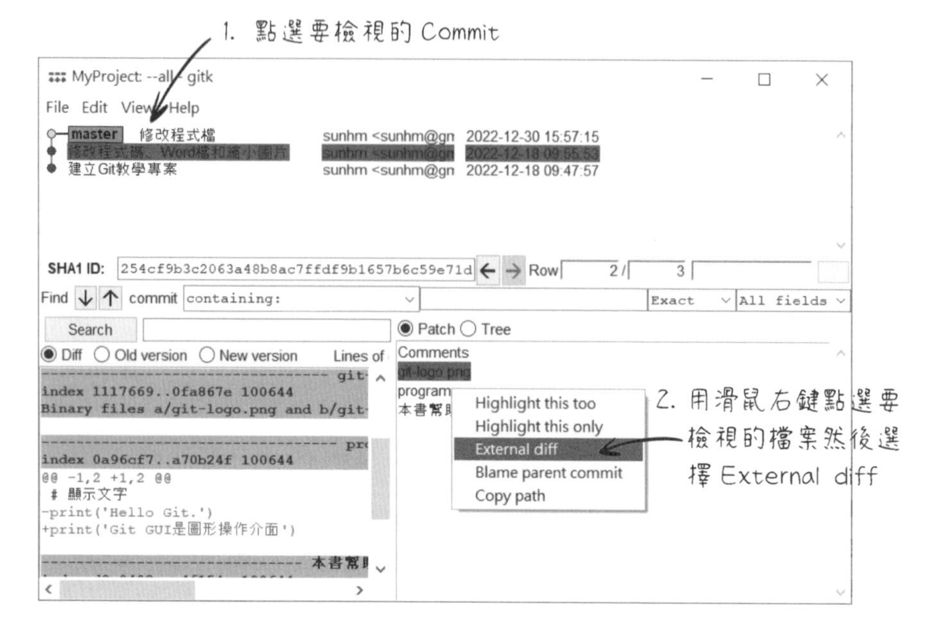

圖 6-2　在 gitk 程式中啟動外部檔案比對程式

6-2 從 Git 檔案庫取回檔案

要從 Git 檔案庫取出檔案必須使用 git checkout 指令，它的格式如下：

```
git checkout commit 識別碼或標籤 檔案 1 檔案 2 …
```

指令最後是要從檔案庫取出的檔案。這些檔案取出後，會覆蓋資料夾中同名的檔案。如果指定的 Commit 沒有這個檔案，Git 會往更舊的 Commit 尋找，直到找到該檔案為止。如果都沒有找到該檔案，就會顯示錯誤訊息。

如果執行 git checkout 指令時沒有指定 Commit，也就是使用以下格式：

```
git checkout 檔案1 檔案2 …
```

Git 會從最新的 Commit 開始尋找。如果要讓全部檔案都回到某一個 Commit 的版本，可以執行以下指令，也就是用「.」代表全部檔案：

```
git checkout commit識別碼或標籤 .
```

執行 git checkout 指令時要特別小心，如果後面沒有接檔案名稱，執行結果會不一樣，也就是：

```
git checkout commit識別碼或標籤
```

以上指令不但會把資料夾中的檔案，全部變成指定 Commit 的版本，而且還會改變 HEAD 指標的位置。執行它之後會顯示下列警告訊息：

```
You are in 'detached HEAD' state. You can look around, make experimental
changes and commit them, and you can discard any commits you make in
this state without impacting any branches by switching back to a branch.

If you want to create a new branch to retain commits you create, you
may do so (now or later) by using -c with the switch command. Example:

  git switch -c <new-branch-name>
```

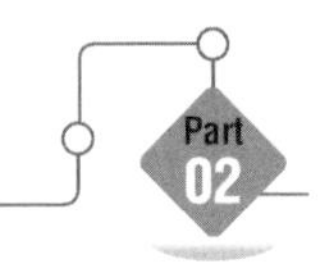


```
Or undo this operation with:

  git switch -

Turn off this advice by setting config variable advice.detachedHead
to false

HEAD is now at 254cf9b 修改程式碼、Word 檔和縮小圖片
```

在正常情況下，HEAD 指標應該是指到最新的 Commit，但是上述指令會把 HEAD 轉移到該 Commit，變成所謂的 Detached HEAD 狀態。在 Detached HEAD 狀態下，如果我們執行 Commit，就會從目前 HEAD 的位置開始延伸，這種情況會產生新的分支。關於分支我們會在單元 7 作介紹，現在先不討論這種情況。如果想要讓 Detached HEAD 回復到正常狀態，可以執行下列指令，其中的 master 就是在做 Git 檔案庫初始化的時候預設的分支名稱。

```
git checkout master
```

我們可以想像一下，一旦 Git 檔案庫中有數十個，甚至上百個 Commit 時，要找到某一個特定版本的檔案會是多麼困難！這時候就不能只靠記憶力，必須利用搜尋功能。gitk 程式可以搜尋 Commit 註解，幫助我們找到想要的版本。它的用法請參考圖 6-3。第一步是依照圖中的說明輸入要尋找的文字，中英文皆可。第二步是設定要搜尋的欄位，例如 Comments 表示要搜尋 Commit 註解，Author 表示要搜尋操作者姓名，All fields 表示要搜尋全部欄位。最後按下最左邊的往上或往下箭頭開始搜尋。找到想要的 Commit 之後，就可以從 SHA1 ID 欄位複製它的識別碼，然後用 git checkout 指令取出裡頭的檔案。

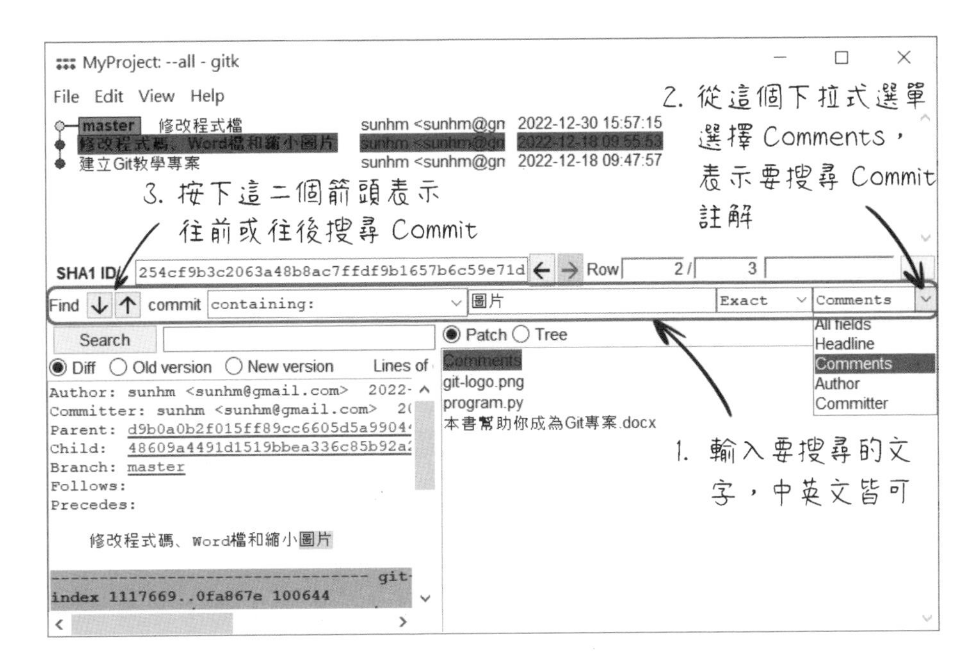

圖 6-3　利用 gitk 程式搜尋 Commit 註解

第二種搜尋 Commit 註解的方式是利用 git log 指令，格式如下：

```
git log --all --grep='要尋找的文字，中英文皆可'
```

指令最後是要尋找的文字，可以是中文，也可以是英文，而且要用單引號或是雙引號括起來。另外還一個「--all」選項，加上它表示要搜尋全部分支，如果沒有加這個選項，只會搜尋目前 HEAD 所指的分支。執行這個指令會列出所有符合條件的 Commit，以下是執行結果範例，表示找到二個 Commit。

```
commit 48609a4491d1519bbea336c85b92a27b62b6628e
Author: sunhm <sunhm@gmail.com>
Date:   Fri Dec 30 15:57:15 2022 +0800

    修改程式檔

commit 254cf9b3c2063a48b8ac7ffdf9b1657b6c59e71d
Author: sunhm <sunhm@gmail.com>
Date:   Sun Dec 18 09:55:53 2022 +0800

    修改程式碼、Word 檔和縮小圖片
```

6-3 暫存目前資料夾的檔案狀態

現在讓我們設想一個狀況。如果程式修改到一半，突然收到一個臨時性的工作，需要優先處理，但是目前的工作還沒有告一段落，不適合將它存入檔案庫，這時候怎麼辦？遇到這種狀況，可以先把資料夾中的檔案內容先暫存起來，然後就可以開始處理臨時性的工作。等到臨時工作處理完畢，再將資料夾中暫存的檔案內容回復，就可以接續原來的工作。

要暫存資料夾中的檔案狀態可以使用 git stash save 指令，它會做二件事：

1. 儲存資料夾中被修改的檔案內容。
2. 把資料夾中的檔案，還原成最新 Commit 的版本，也就是 HEAD 所指的版本。

執行 git stash save 指令之後會顯示類似下面的訊息：

```
Saved working directory and index state WIP on master: Commit 識別碼 ...
```

上面訊息中的 WIP 是 Work in Progress 的縮寫，表示這是進行中的工作。訊息最後會顯示一個 Commit 識別碼和該 Commit 註解，表示這個暫存的內容是根據該 Commit 建立的。這段訊息意味著，等到要取回這個暫存的內容時，必須回到這個 Commit。當然，我們不可能一直記住這個 Commit 識別碼，如果之後需要它，還可以利用 git stash list 指令得到它，這個指令會顯示如下訊息，裡頭同樣會列出 Commit 識別碼：

```
stash@{0}: WIP on master: Commit 識別碼 ...
```

執行 git stash save 指令之後，就可以放心修改資料夾中的檔案。等到修改完畢，再依照正常的操作流程，將結果寫入 Git 檔案庫。然後就可以利用下列二個步驟，讓資料夾的內容回復到執行 git stash save 指令時的狀態：

1. 先讓資料夾中的檔案，回復到執行 git stash save 指令時的 Commit 版本，我們可以利用前面學到的「git checkout commit 識別碼 .」指令來完成這個步驟，請讀者注意指令最後有一個「.」。

2. 執行 git stash pop 或是 git stash apply 取出暫存的檔案內容，將它們合併到目前資料夾中的檔案。這二個指令的差別是，第一個指令執行成功的話，會刪除暫存的檔案內容，如果執行失敗，則會保留。第二個指令是不管成功或失敗，都會保留。如果要自行刪除暫存的檔案內容，可以執行 git stash drop。

以下是執行 git stash pop 成功的例子，訊息中顯示 program.py 已經被修改，並且在最後一行說已經刪除暫存的檔案內容。

```
On branch master
Changes not staged for commit:
  (use "git add <file>..." to update what will be committed)
  (use "git restore <file>..." to discard changes in working directory)
        modified:   program.py

Dropped refs/stash@{0} (4f5df64e361870e7c391c64dace698ecb2aefb4f)
```

上面介紹的操作步驟，可以讓我們很順利地取回當初暫存的檔案內容。但是有另外一種可能的情況是，我們想要把暫存的檔案內容，套用到檔案最後修改的版本，而不是回到原來暫存時的那個 Commit 版本。也就是說，不要執行前面的步驟 1，而是直接執行步驟 2。這樣的操作邏輯其實也是合理的，因為這表示我們想要把當初暫存的修改，帶到最新的 Commit 上，而不是回到舊的 Commit 去做修改。

不過在實務上，這樣的作法可能會遇到比較麻煩的狀況。因為暫存的檔案修改內容，有可能和最新的 Commit 修改了同一個地方，或是說的更明確一點，就是修改了同一行程式碼，這種情況叫做合併時發生衝突，它會顯示下列訊息。

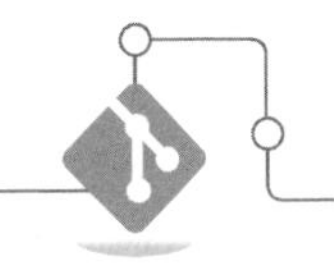


```
Auto-merging program.py
CONFLICT (content): Merge conflict in program.py
On branch master
Unmerged paths:
  (use "git restore --staged <file>..." to unstage)
  (use "git add <file>..." to mark resolution)
        both modified:   program.py

The stash entry is kept in case you need it again.
```

裡頭說明 program.py 這個檔案有衝突發生。Git 會在檔案中標示衝突的位置和內容，然後我們要接手處理衝突的內容，決定哪些要留下，哪些要刪除。這部分牽涉到分支的概念，我們留到單元 8 再作介紹。

6-4 壓縮 Git 檔案庫

Git 檔案庫在操作的過程中，會不斷地更動。經過一段時間之後，裡頭的資料會變得比較零散。雖然這種情況不會影響 Git 的功能，但是會讓執行效率變差，而且也會浪費磁碟空間。為了改善這個問題，我們需要壓縮 Git 檔案庫。

Git 在執行某些指令之後，會自動檢查檔案庫的狀態。例如啟動 Git GUI，開啟某一個資料夾時，可能會顯示圖 6-4 的訊息。這時候建議選擇「是」，讓 Git 執行檔案庫壓縮，通常只需要幾秒鐘的時間就可以完成。

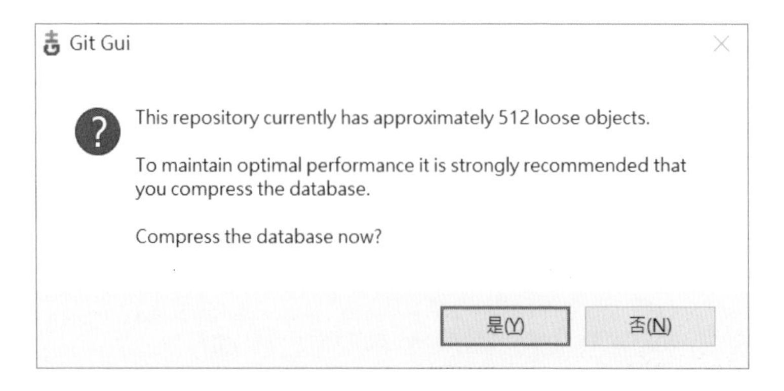

圖 6-4　啓動 Git GUI 時提示需要壓縮 Git 檔案庫

除了讓 Git 自動檢測之外，我們也可以自行啟動壓縮檔案庫的功能。這項工作是利用 git gc 指令（gc 是 garbage collection 的縮寫），它可以搭配以下選項：

1. 「--aggressive」

   在預設情況下，Git 會用比較簡單快速的方式檢查檔案庫，並完成壓縮。如果加入這個選項，Git 就會檢查的比較仔細，但是會花比較久的時間。這個選項只需要偶而使用。太常使用只會浪費時間，不會有明顯的幫助。

2. 「--auto」

   這個選項是要求 Git 會先檢查檔案庫是否需要壓縮。如果不需要，就不會執行壓縮。

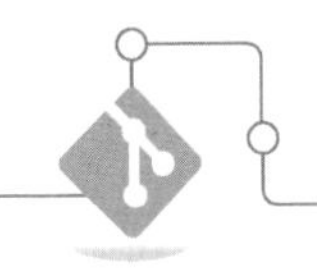

以下是在一個比較大型的 Git 檔案庫執行 git gc 指令後顯示的訊息，它的流程是先計算檔案庫中的物件數量，並找出需要壓縮的物件，然後對它們執行壓縮，最後回存結果。

```
Enumerating objects: 7080, done.
Counting objects: 100% (7080/7080), done.
Delta compression using up to 8 threads
Compressing objects: 100% (3588/3588), done.
Writing objects: 100% (7080/7080), done.
Total 7080 (delta 3234), reused 6623 (delta 3018), pack-reused 0
```

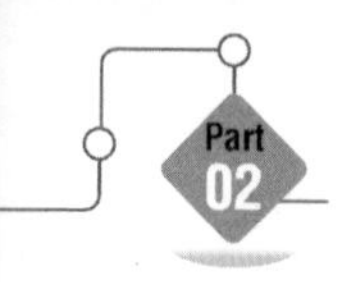

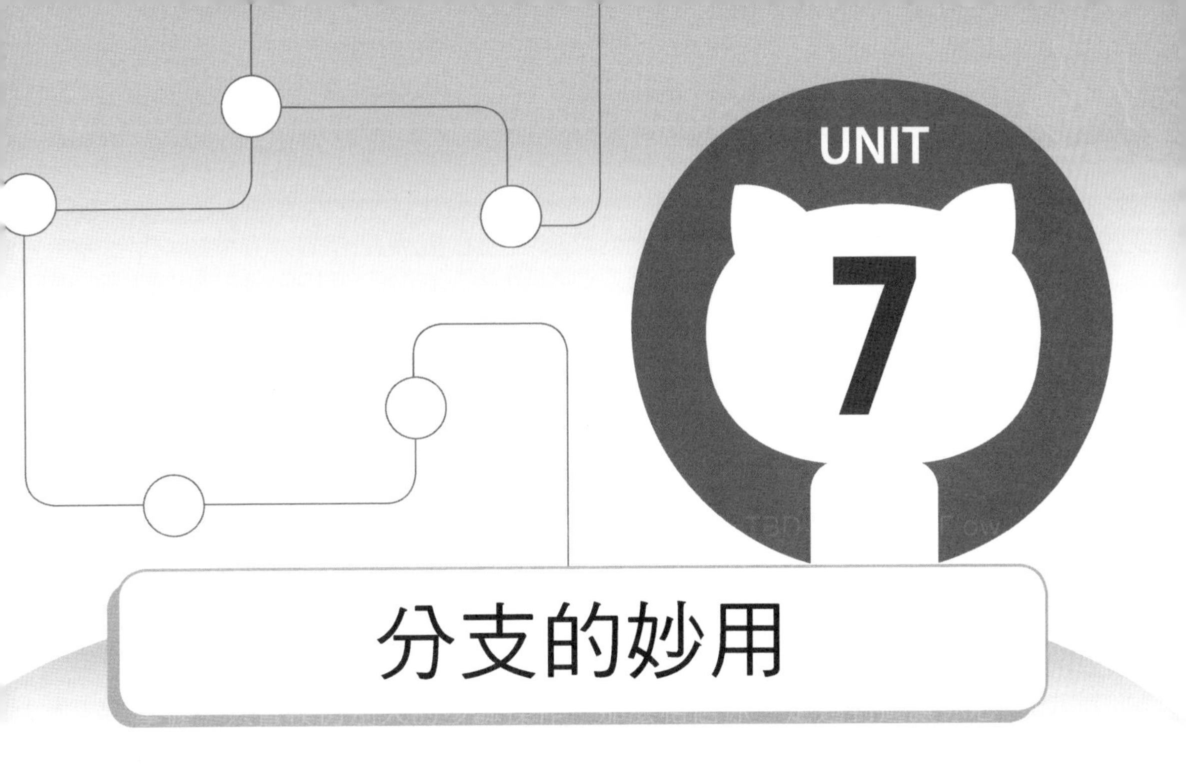

分支的妙用

分支可以把一個程式專案，分成二個甚至是多個平行開發的版本，然後自由地在這些版本之間切換，或是在未來將它們合併。分支的目的是為了區隔對程式專案所做的修改，例如想要區分正式版和公司內部用的測試版，或是區分不同客戶的版本，都可以利用分支達成。

7-1 建立分支和切換分支

當 Git 開始管控資料夾時，它會自動建立一個名為 master 的分支。如果我們沒有建立其他分支，那麼所有執行的 Commit，都會儲存到這個分支，這也是我們前面單元的做法。現在讓我們來新增一個分支，這個動作可以利用 Git GUI 來完成，請參考圖

7-1，只要選擇功能表 Branch > Create，就會顯示圖 7-2 的對話盒。在最上面的第一個欄位輸入分支名稱，按下右下角的 Create 按鈕，就會建立一個新分支。

改變 Git 檔案庫初始化的預設分支名稱

Git 檔案庫初始化的預設分支名稱是 master。master 這個字有主人的意思，它可能會讓人聯想到 slave，也就是奴隸，因為那是一段美國歷史的黑暗時期。為了避免勾起這種負面的情緒，有些人開始倡導改變初始化預設分支名稱，把它從 master 改為 main。如果想要這麼做，只要執行以下指令即可。從此以後，每一個 Git 檔案庫初始化的預設分支名稱都會變成 main，但是之前建立的 Git 檔案庫不會受到影響。

```
git config --global init.defaultBranch main
```

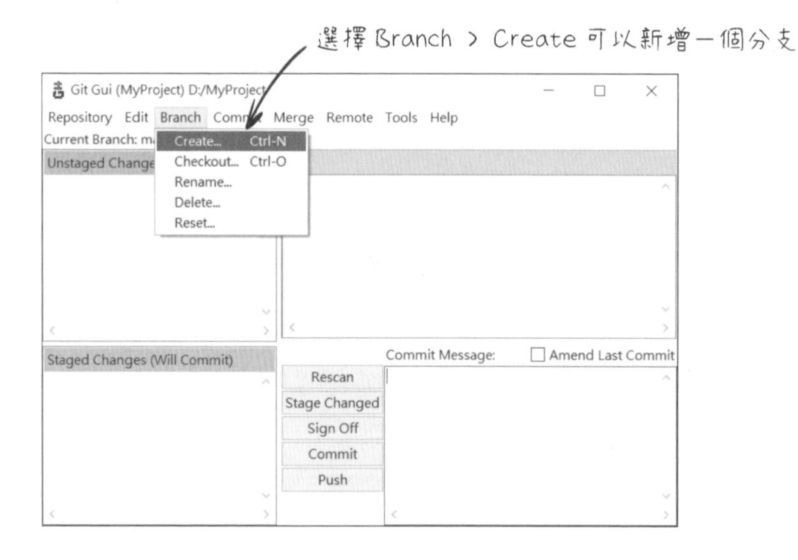

圖 7-1　用 Git GUI 建立分支

這裡輸入分支名稱

Git Gui (MyProject): Create Branch
Create New Branch
Branch Name
Name:
Match Tracking Branch Name
Starting Revision
Revision Expression:
Local Branch Tracking Branch Tag
master
Options
Update Existing Branch: No Fast Forward Only Reset
Fetch Tracking Branch
Checkout After Creation
Cancel Create

圖 7-2　輸入分支名稱

建立分支的目的有可能是為了除錯、或是開發新功能，也有可能是為了做某些測試。換句話說，每一個分支會被建立，都有它的特定目的。為了能夠清楚地知道每一個分支的目的，我們會在分支名稱的開頭用以下單字做註記，以表示該分支的用途：

1. feature

   表示這個分支是為了開發某一項新功能。

2. bugfix

   表示這個分支是為了修正程式的錯誤。

3. test

   表示這個分支是為了做測試。

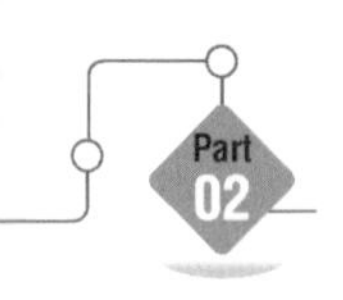

上述分支開頭的註記不是絕對的，每個人或是開發團隊，都可以依照自己的需求做調整。分支註記後面會接一個「/」字元，然後用小寫英文幫分支取一個有意義的名字，例如 feature/login-with-google-account、bugfix/network-crash。

建立分支時，新分支會從目前 HEAD 指標所在的 Commit 長出來。上一個單元解釋過 detached HEAD 的情況，也就是 HEAD 指標指到舊的 Commit，而不是在最新的 Commit 上。如果這時候做建立新分支的動作，新分支就會從 HEAD 所指的那一個舊的 Commit 長出來。如果我們切換到 master 以外的分支，HEAD 也會跟著切換到該分支。如果這時候執行建立新分支的動作，新分支一樣會從 HEAD 所在的那一個分支長出來。綜合以上說明，我們得到一個結論：建立分支時，要特別留意目前 HEAD 指標是在哪一個分支的哪一個 Commit 上，以確保分支是長在對的地方！那萬一分支長錯位置怎麼辦，這個問題倒也不難，我們可以把分支刪除，這個後面會再作介紹。

建立分支也可以利用 git branch 指令：

```
git branch 新分支的名稱 commit識別碼或是標籤
```

指令中必須指定新分支的名稱，另外在最後還可以指定分支要從哪一個 Commit 長出來。如果沒有指定 Commit，就會從 HEAD 指標所指的 Commit 長出來。

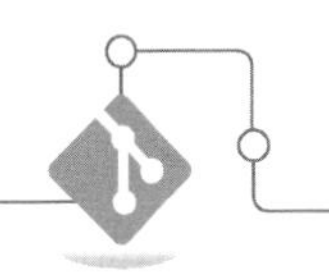

使用 git branch 指令和 Git GUI 操作還有一個差別，就是 git branch 指令不會自動切換到新分支，但是利用 Git GUI 建立新分支時，會自動切換到新分支。切換分支的指令是我們在上一個單元學過的 git checkout：

```
git checkout 分支名稱
```


也可以在 gitk 程式上用滑鼠右鍵按下分支名稱，選擇 Check out this branch（請參考圖 7-3），就會切換到該分支。

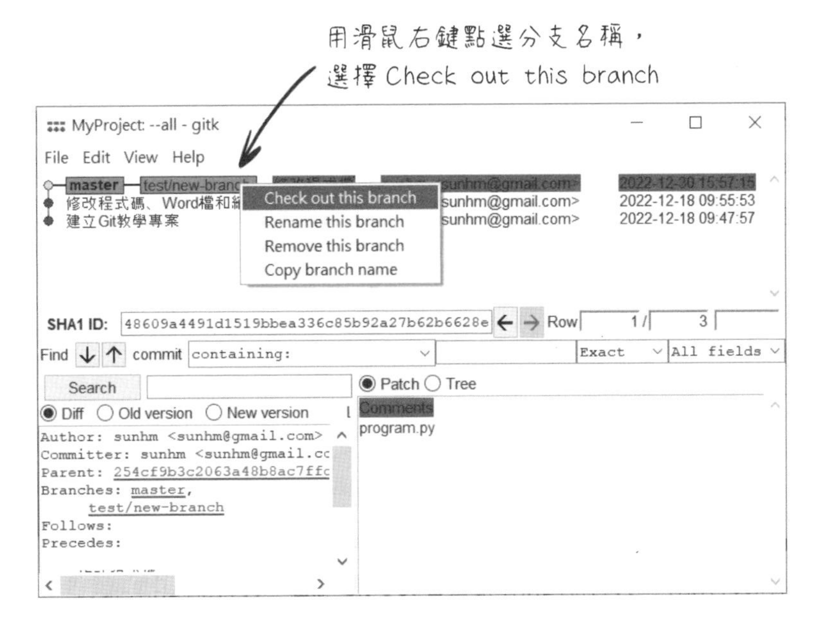

圖 7-3　用 gitk 程式切換分支

接下來我們來看一個建立多個分支之後的例子。圖 7-4 是建立二個新分支 test/new-branch 和 test/new-branch-2 之後，在 Git GUI 程式選擇 Repository > Visualize All Branch History 啟動 gitk 程

式看到的結果。分支名稱會加上框線，而且 HEAD 指標所指的分支會用粗體字標示。接下來我們試看看修改專案資料夾中的檔案內容，然後執行 Commit，接著再切換到另一個分支，做同樣的事情。這樣依序在三個分支上都做過一輪之後，回到 gitk 程式，選擇功能表 File > Update，就會看到圖 7-5 的結果。現在在每一個分支上，都長出一個新的 Commit。

圖 7-4　新增二個分支後的畫面

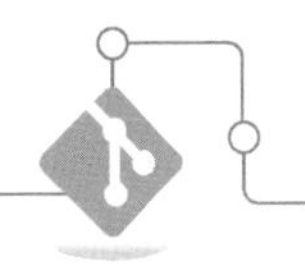

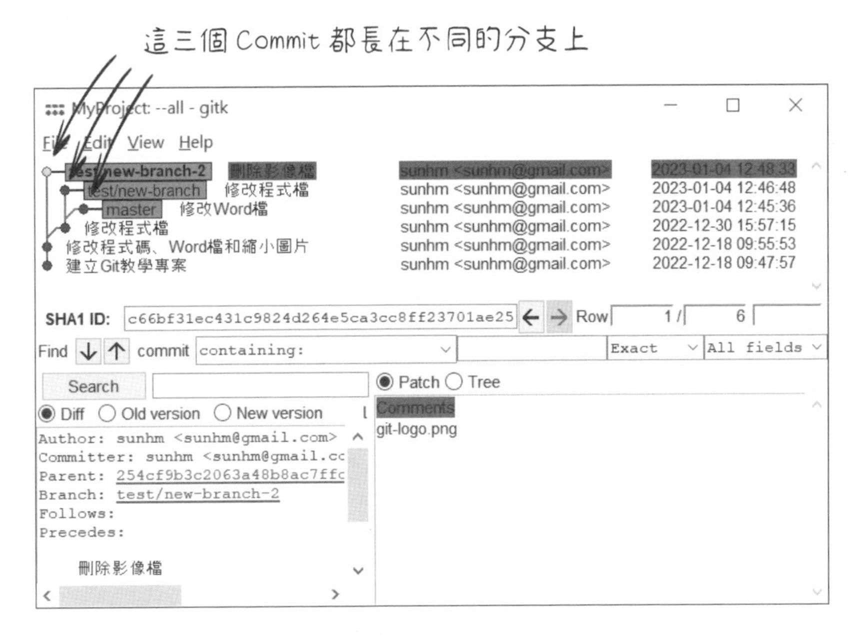

圖 7-5　在每一個分支上修改檔案後執行 Commit 的結果

我們之前介紹過用 git log 指令搭配「--graph」和「--oneline」選項，也可以顯示 Commit 演進圖。以圖 7-5 的例子來說，執行這個指令之後，會看到如下結果：

```
* da2e5be (HEAD -> master) 修改 Word 檔
* 48609a4 修改程式檔
* 254cf9b 修改程式碼、Word 檔和縮小圖片
* d9b0a0b 建立 Git 教學專案
```

第一行括弧中的「HEAD -> master」表示 HEAD 指標目前是在 master 分支上，而且上面的結果只顯示 HEAD 指標所指的分支的資訊。如果想要顯示全部分支的資料，必須加上「--all」選項，也就是：

```
git log --graph --oneline --all
```

執行之後會看到如下結果，它是用文字的方式排列出所有分支的 Commit 演進圖。如果把它和圖 7-5 中的 Commit 演進圖做比較，會發現內容是一樣的。

```
* c66bf31 (test/new-branch-2) 刪除影像檔
| * 0c543d5 (test/new-branch) 修改程式檔
| | * da2e5be (HEAD -> master) 修改 Word 檔
| |/
| * 48609a4 修改程式檔
|/
* 254cf9b 修改程式碼、Word 檔和縮小圖片
* d9b0a0b 建立 Git 教學專案
```

Git GUI 和 gitk 程式操作技巧

Git GUI 和 gitk 程式不會自動讀取資料夾內容的變動。也就是說，當我們修改資料夾裡頭的檔案，或是執行新的 Commit 之後，Git GUI 和 gitk 程式都不會自動更新顯示畫面。在 Git GUI 程式上必須重新按一次 Rescan 按鈕，在 gitk 程式上必須選擇 File > Update 或是 File > Reload 才會看到最新的結果(有些情況一定要選擇 File > Reload 才會更新畫面）。

7-2 處理 Detached HEAD 問題和刪除分支

學會建立分支之後，現在我們重新回到 Detached HEAD 問題，看看另一種處理方式。上一個單元的作法是，一旦發現進入 Detached HEAD 狀態，趕快切換到任何一個分支，就會回復正常。可是萬一不小心沒注意到，又執行了 Commit，會發生什麼事？現在讓我們來試看看！

STEP 1 執行下列指令進入 Detached HEAD 狀態：

```
git checkout commit 識別碼或標籤
```

STEP 2 修改資料夾中的檔案，然後執行 Commit。這時候 Git 會偵測到 Detached HEAD 狀態，顯示圖 7-6 的警告訊息。它的意思是建議你不要執行 Commit，因為存進去的資料可能找不回來。不用擔心，接下來就是要介紹如何處理這種情況。

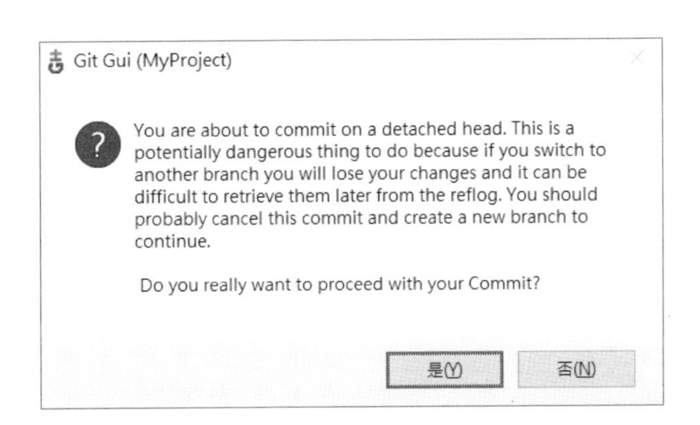

圖 7-6　在 Detached HEAD 狀態執行 Commit 顯示的警告訊息

現在有二個選擇。第一是放棄 Commit，但是因為資料夾中的檔案已經有修改，所以現在無法立刻切換到其他分支。這是 Git 的保護機制，因為在這種情況下切換分支，修改的檔案內容會被清除。如果我們決定要讓檔案回到修改前的狀態，也就是放棄目前的修改，可以在 Git GUI 程式選擇 Branch > Reset，然後就可以切換分支，離開 Detached HEAD 狀態。

第二個選擇是繼續執行 Commit，然後就會變成圖 7-7 的狀態。或者利用前一小節介紹的 git log 指令，也可以看到一樣的結果。這裡要特別提醒，這個新 Commit 的識別碼很重要。如果我們這時候執行 git log 指令，它就會留在螢幕上，後續可以從螢幕上複製下來。

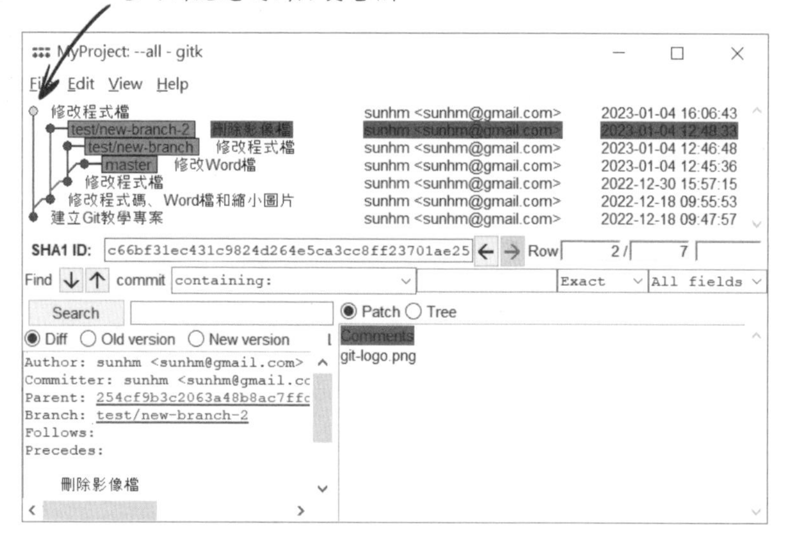

圖 7-7　從 Detached HEAD 長出來的無名分支

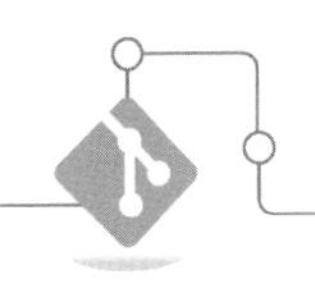

STEP 5 因為這個分支沒有名稱，所以無法直接刪除。我們可以在 gitk 程式，用滑鼠右鍵點一下前一個步驟建立的 Commit（參考圖 7-8），選擇 Create new branch，幫這個分支取一個名稱。或者也可以用前一小節介紹的 git branch 指令來幫分支命名。完成這個步驟之後，上一個步驟留下的 Commit 識別碼就不需要了，因為現在我們可以用分支名稱找到它。

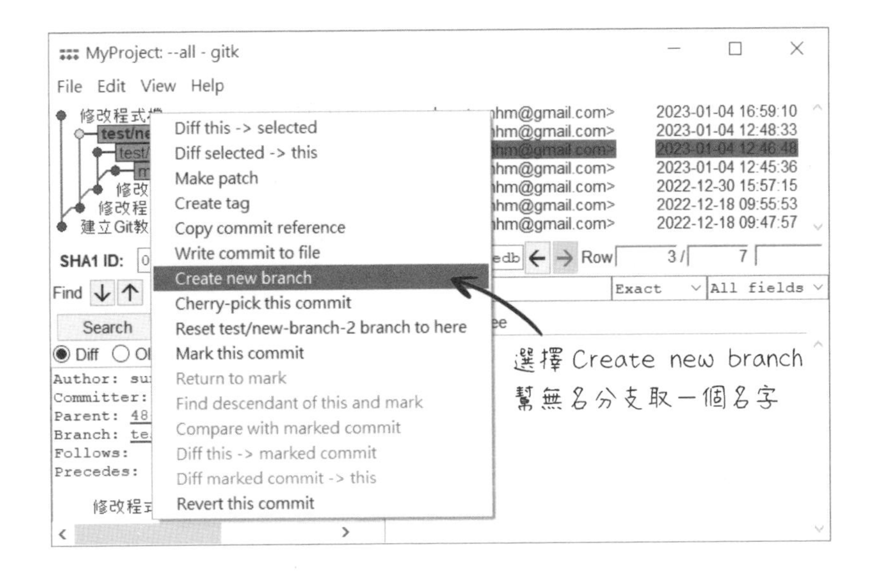

圖 7-8　幫無名分支命名

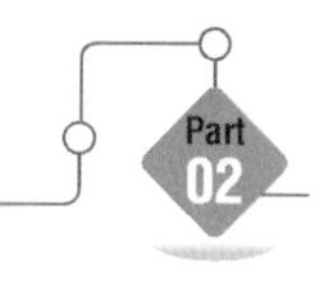

6 STEP 在 gitk 程式，用前面介紹的方法切換到其他分支，再用滑鼠右鍵點選前一個步驟建立的分支，然後選擇 Remove this branch（參考圖 7-9），就可以移除從 Detached HEAD 長出來的分支。再次提醒，在 gitk 程式上操作，必須選擇 File > Update 或是 File > Reload 才會更新畫面。

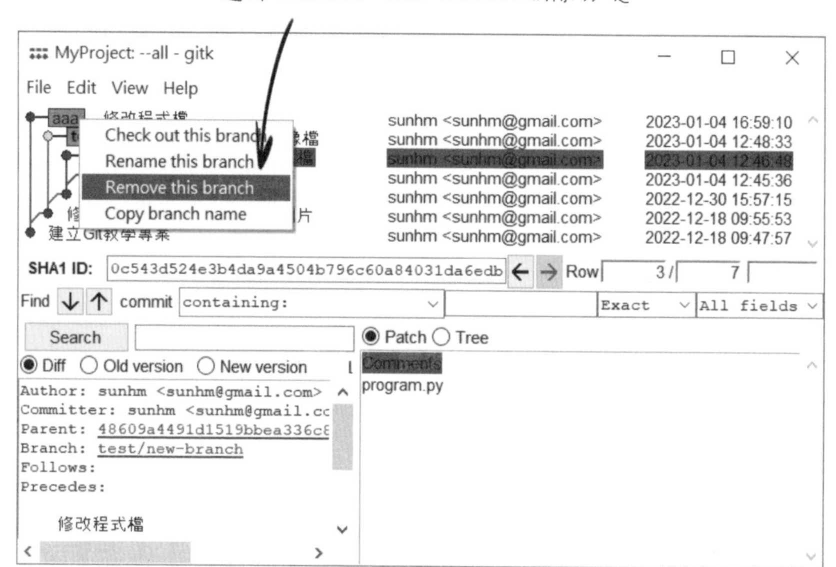

圖 7-9　刪除 Detached HEAD 狀態下長出來的無名分支

最後再補充說明一下，在步驟 4 我們特別提到，這個新 Commit 的識別碼很重要，那是因為如果沒有幫這個無名分支取一個名稱，就切換到其他分支，這時候要回到這個無名分支就只能靠 git checkout 指令加上這個新 Commit 的識別碼。如果沒有它，這個無名分支就會石沉大海，再也看不到它了！這也是為什麼在步驟 2 會出現警告訊息的原因。

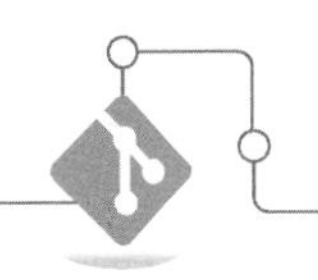

學會以上操作技巧，我們就可以隨心所欲地處理 Detached HEAD 的問題。另外，在圖 7-9 的快顯選單中，有一個選項叫做 Rename this branch，它可以讓我們改變分支名稱。最後我們補充二個相關指令的用法：

```
git branch -D 要刪除的分支名稱
git branch -m 分支名稱　新分支名稱
```

第一個指令是刪除指定的分支。執行它之前必須先切換到另一個分支，因為我們無法刪除 HEAD 指標所指的分支。第二個指令是把指定的分支，改名為新分支名稱。執行這個指令不需要切換到其他分支。

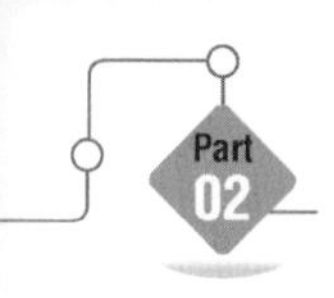
Part
02

合併分支和解決衝突

幫程式專案建立分支有可能只是暫時性的，例如為了除錯，或是開發新功能。這些暫時性的分支，在工作完成之後，就會合併到主要分支。合併分支這個動作其實就是把某一個分支的修改，套用到另一個分支。但是在合併的過程中，會因為二個分支之間差異的多寡和發生位置的不同，而影響到處理結果。這個單元我們要好好地介紹這個時常讓人覺得有壓力的分支合併，以及如何處理相關的疑難雜症。

8-1 合併分支

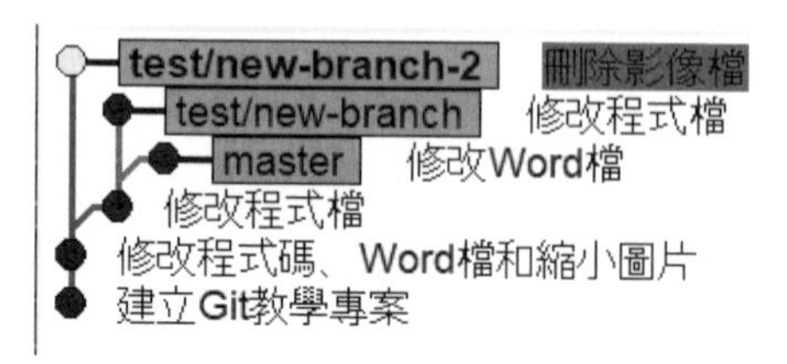

圖 8-1　分支範例

合併分支可以在 Git GUI 程式上執行，或是透過指令完成。我們先介紹如何利用 Git GUI 程式來做分支合併。圖 8-1 是上一個單元用來解釋分支的範例。假設我們要把 test/new-branch 合併到 test/new-branch-2，第一步是要確定目前是在 test/new-branch-2 分支上。也就是說，合併分支是把另一個分支，合併到目前 HEAD 所在的分支。Git GUI 程式主功能表下方會顯示目前我們是在哪一個分支上（參考圖 8-2，記得要按下 Rescan 按鈕才會看到最新的狀態）。如果現在不是在正確的分支上面，必須先切換過去，然後選擇 Git GUI 程式功能表 Merge > Local Merge（參考圖 8-2），就會顯示圖 8-3 的對話盒。

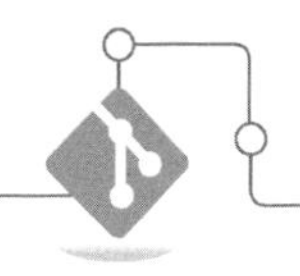

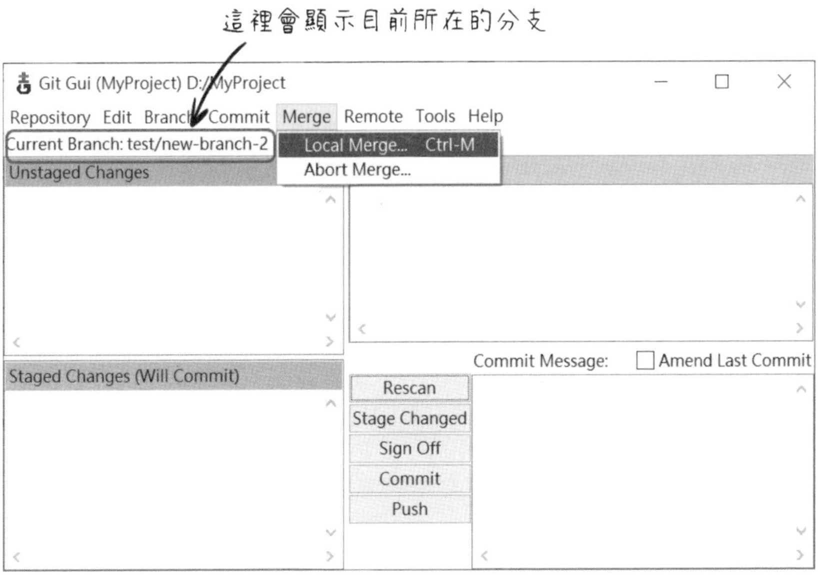

這裡會顯示目前所在的分支
Git Gui (MyProject) D:/MyProject
Repository Edit Branch Commit Merge Remote Tools Help
Current Branch: test/new-branch-2
Local Merge... Ctrl-M
Abort Merge...
Unstaged Changes
Staged Changes (Will Commit)
Commit Message:
Amend Last Commit
Rescan
Stage Changed
Sign Off
Commit
Push

圖 8-2　用 Git GUI 程式執行合併

這裡會顯示要合併到哪一個分支
Git Gui (MyProject): Merge
Merge Into test/new-branch-2
Revision To Merge
Revision Expression:
Local Branch
Tracking Branch
Tag
master
test/new-branch
Visualize
Cancel
Merge
這裡點選要合併的分支

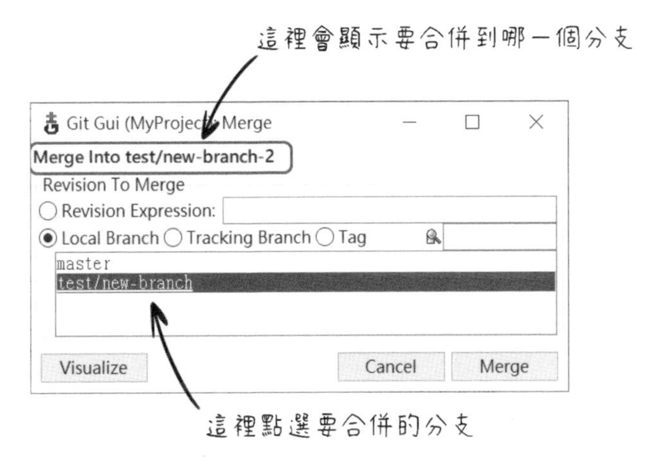

圖 8-3　選擇要合併的分支

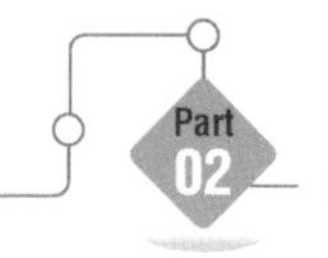

圖 8-3 對話盒上方會顯示目前要合併到哪一個分支，沒問題的話，在下方的分支清單中，點選要合併的分支，然後按下右下角的 Merge 按鈕，就會執行合併。圖 8-4 是合併後的結果。在 test/new-branch-2 分支上會產生一個新的 Commit，它就是合併後的結果，而且 Git 會自動加入 Commit 註解。

圖 8-4　把 test/new-branch 合併到 test/new-branch-2 的結果

合併也可以用指令的方式執行，首先啟動 Git Bash 視窗，依序執行下列指令：

```
git checkout test/new-branch-2
git merge test/new-branch
```

執行第二行指令後會出現圖 8-5 的畫面，它是 Git 預設的文字編輯器 Vim，目的是讓我們輸入 Commit 註解。如果你已經會操作 Vim，可以在這邊輸入 Commit 註解。如果不知道如何操作，先輸入一個冒號「:」，再輸入 q，然後按下 Enter 鍵，就可以離開。接下來可以利用 Git GUI 程式回頭修改剛剛的儲存的 Commit 註解，第一步先切換到 Git GUI 程式，勾選右邊 Commit Message

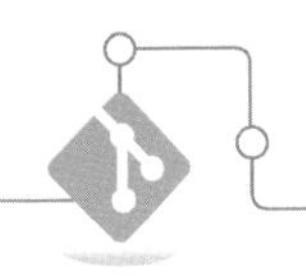

窗格上方的 Amend Last Commit，然後在 Commit Message 窗格中修改 Commit 註解，修改完畢後按下 Commit 按鈕。執行以上合併分支指令之後，會得到和圖 8-5 一樣的結果：

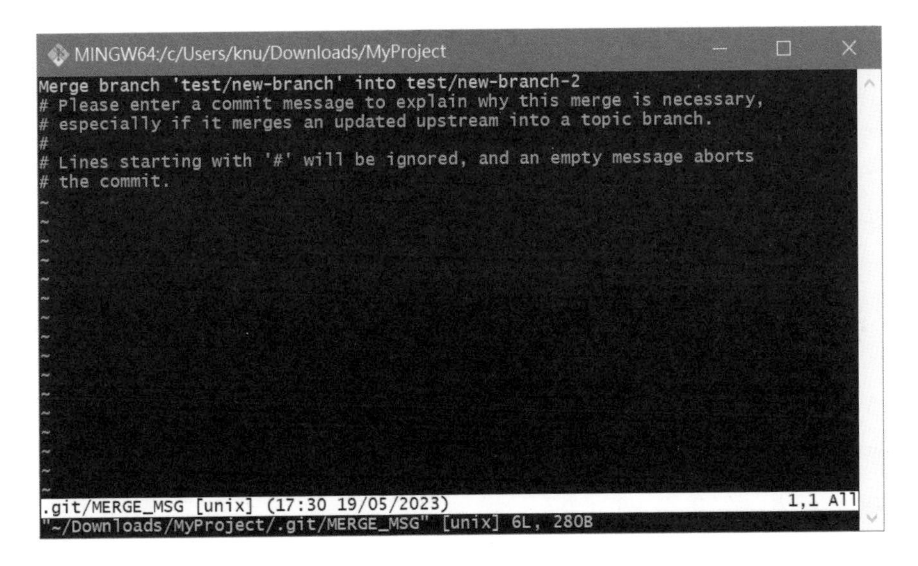

圖 8-5　Vim 文字編輯器

現在稍微打個岔，我們用 git reset 指令來做一個神奇的事。這個指令我們在單元 3 用過，當時是這樣做：

```
git reset --hard @
```

它可以復原我們對資料夾裡頭的檔案所做的任何修改，也就是把資料夾的內容回復到最新 Commit 的狀態。

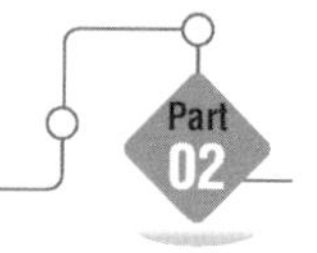

git reset 指令還可以清除 Git 檔案庫中的 Commit。以下指令會刪除目前 HEAD 所指的 Commit，讓資料夾中的檔案和 Git 檔案庫，全部回到上一個 Commit 的狀態：

```
git reset --hard @^
```

上述指令用到單元 5 介紹過的 ^ 字元。如果我們剛剛做了分支的合併，然後接著執行上述指令，就會回到合併前的狀態，也就是從圖 8-4 回到圖 8-1，這樣等同於取消合併。

前面是示範把 test/new-branch 合併到 test/new-branch-2。現在我們用 git reset 指令把它取消，然後反過來，把 test/new-branch-2 合併到 test/new-branch。這裡再做個溫馨提醒，執行之前，記得要先切換到 test/new-branch 分支。圖 8-6 是合併後的結果。如果把它和圖 8-4 做比較，會發現它們的差別在於合併後的 Commit，變成屬於 test/new-branch 分支。

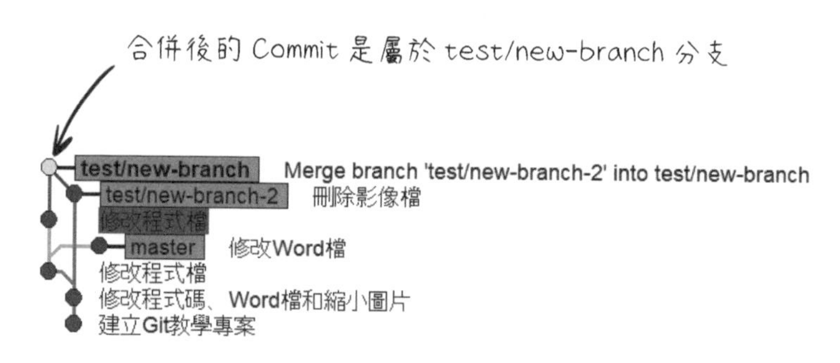

圖 8-6　把 test/new-branch-2 合併到 test/new-branch 的結果

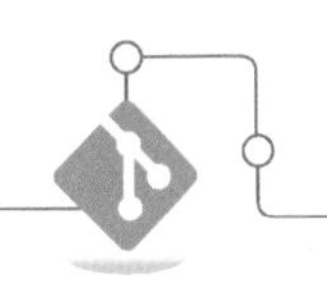

8-2 Fast-Forward Merge 和 3-Way Merge

前一個小節示範的分支合併看起來很簡單，沒有什麼問題。可是如果應用在實際的程式專案，可能會有不同的狀況。我們先看比較簡單的情形。在建立一個新的分支之後，我們只在這個新分支上進行修改和執行 Commit，原來的分支沒有做任何更動，如圖 8-7 左邊的情況。test/new-branch 是從 master 長出來的分支，我們在 test/new-branch 分支上做了一些修改，並且執行二次 Commit。在這段期間，master 分支上沒有做任何更動。

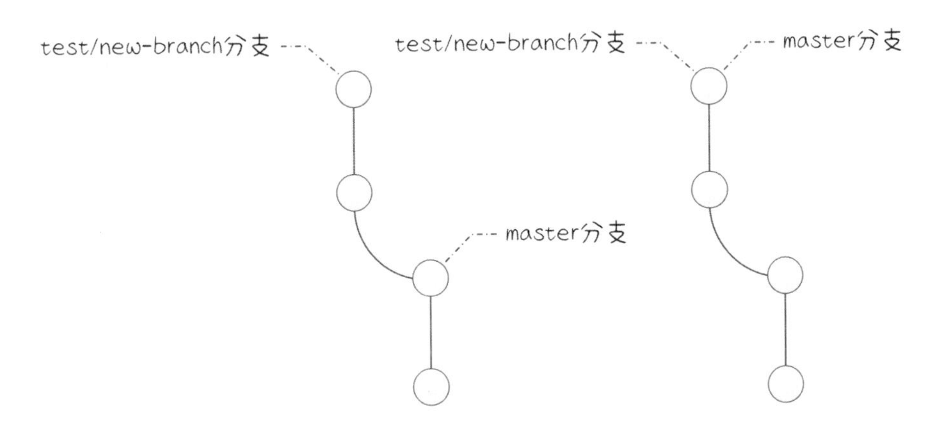

圖 8-7　Fast-Forward Merge 前後的狀態

這時候如果要把 test/new-branch 合併到 master，依照前面的介紹，必須在 master 分支上，執行合併 test/new-branch 的操作。合併 master 和 test/new-branch 之後，會得到圖 8-7 右邊的結果。乍看之下好像圖形完全一樣，其實仔細看 master 分支的狀態，它的 Commit 已經沿著 test/new-branch 分支往前推進到最新的

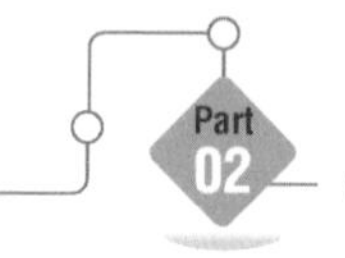

Commit。這種合併其實是把 test/new-branch 分支的修改，完全套用到 master 分支。這種型態的合併稱為 Fast-Forward Merge，因為它就像是讓 master 分支沿著 test/new-branch 分支快轉前進。

Fast-Forward Merge 有一個特點，就是它不會產生新的 Commit。在圖 8-7 中，master 分支只是快轉到 test/new-branch 分支的 HEAD，因此不會留下合併的紀錄。如果希望留下合併的紀錄，可以在執行合併時使用以下指令：

```
git merge --no-ff 要合併的分支名稱
```

「--no-ff」選項表示不要使用 Fast-Forward Merge。如果合併 master 和 test/new-branch 分支時使用上述指令，會得到圖 8-8 的結果。最上面的 Commit 會自動產生，而且自動加上註解。

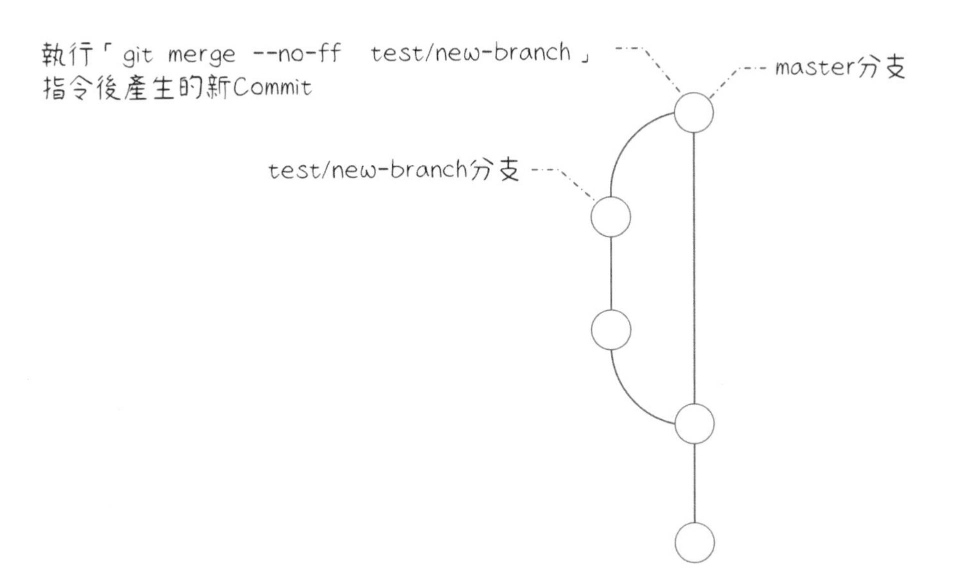

圖 8-8 使用「--no-ff」選項的合併結果

圖 8-8 的合併方式稱為 3-Way Merge。為了說明這種合併模式，讓我們再回到圖 8-7 的例子。如果在 test/new-branch 分支開發期間，master 分支也做了修改，並且執行 Commit，那麼就會變成圖 8-9 左邊的型態。這時候如果要把 test/new-branch 合併到 master，就不能使用 Fast-Forward Merge，而必須採用 3-Way Merge。因為 master 分支上的檔案內容，已經和 test/new-branch 分支上的檔案內容出現分歧，也就是各自都做了修改。

執行合併的時候，Git 會自動判斷應該使用 Fast-Forward Merge 或是 3-Way Merge。如果可以使用 Fast-Forward Merge，會優先選擇它，但是如果加上「--no-ff」選項，就會強迫使用 3-Way Merge 模式。如果把圖 8-9 左邊的 test/new-branch 合併到 master，會得到圖 8-9 右邊的結果。

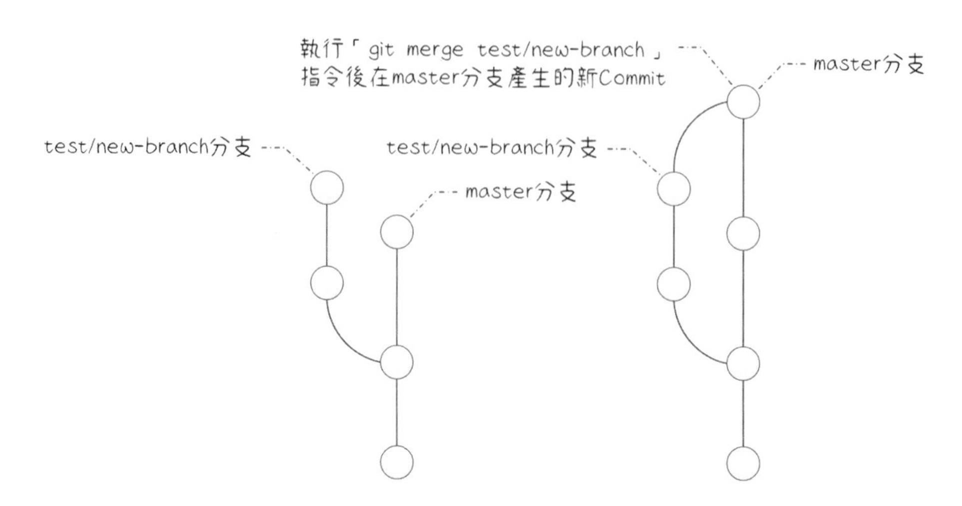

圖 8-9　二個分支都做了修改後的合併結果

3-Way Merge 的處理方式比 Fast-Forward Merge 要來得複雜。因為在 Fast-Forward Merge 的情況下，檔案只會在一個分支中修改，另一個分支不會作任何更動，所以保證一定可以順利完成合併。但是 3-Way Merge 的情況是二個分支都會修改檔案內容。如果修改的是同一個檔案中相同的位置，就會造成衝突（Conflict）的情況。如果 Git 執行合併的時候偵測到衝突的狀況，它會顯示警告訊息。這時候我們要自己動手解決衝突，然後才能夠完成合併的動作。接下來我們要解釋衝突如何發生，以及解決的辦法。

8-3 解決合併分支時發生的衝突

合併分支的過程之所以會發生衝突，是因為這二個分支都修改了同一個檔案的相同位置。我們用一個實例來說明，請參考圖 8-10，最下面的 Commit 有一個 Python 程式檔 main.py，它裡頭的程式碼是把 1 到 10 的整數相加，然後顯示總和。

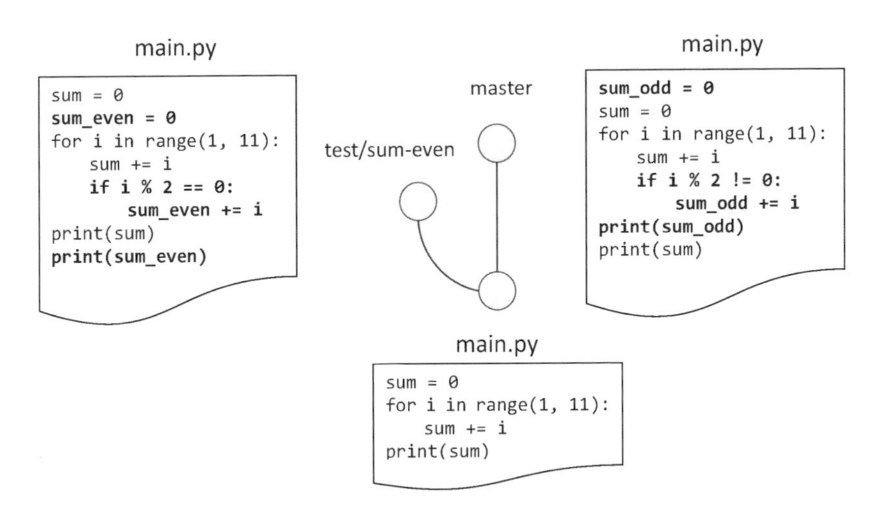

圖 8-10　3-Way Merge 發生衝突的範例

在圖 8-10 的左邊我們做了一個分支 test/sum-even，它在原來的程式檔 main.py 中加入計算偶數和的功能。我們把加入的程式碼用粗體字標示，以方便比較。圖 8-10 的右邊是 master 分支，它在原來的程式檔 main.py 中加入計算奇數和的功能。加入的程式碼一樣用粗體字標示。

接下來我們要把計算奇數和和偶數和的版本整合起來，也就是說，要把 test/sum-even 分支合併到 master 分支。我們可以用前一小節介紹的方法來做合併。假設我們用 Git GUI 程式操作，合併後會顯示圖 8-11 的警告訊息，它的意思是說，因為發生衝突，導致自動合併失敗。而且提示我們要自行處理衝突，然後執行 Commit。看完這段訊息後，可以點選右下角的 Close 按鈕關閉對話盒。如果換成用 git merge 指令執行合併，也會顯示和圖 8-11 一樣的訊息。

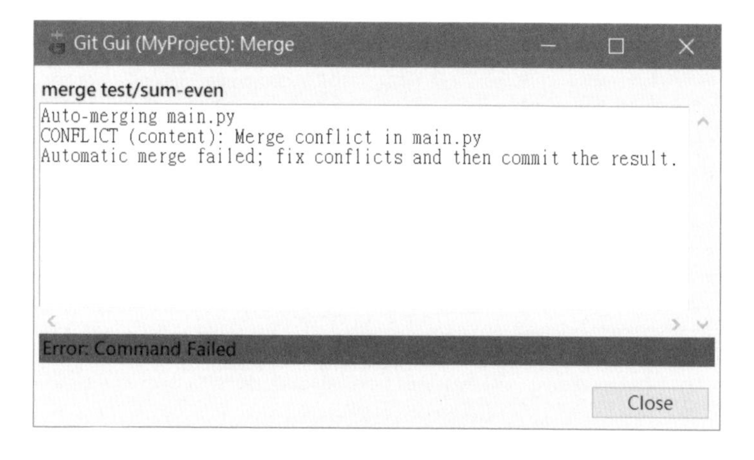

圖 8-11　合併分支時發生衝突的警告訊息

當衝突發生時，我們可以選擇放棄合併。如果決定要放棄，可以選擇 Git GUI 程式功能表 Merge > Abort Merge，畫面上會出現圖 8-12 的訊息，讓我們確認是否真的要放棄合併。如果確定要執行，按下「是」按鈕，資料夾的內容就會回到合併前的狀態。如果想用 Git 指令來放棄合併，可以執行

```
git merge --abort
```

但是要注意，這個指令不像 Git GUI 會顯示確認訊息，只要一執行就直接取消合併。

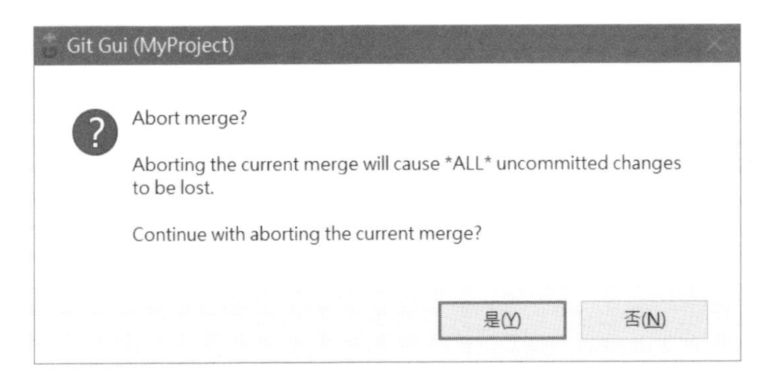

圖 8-12　確認放棄分支合併的對話盒

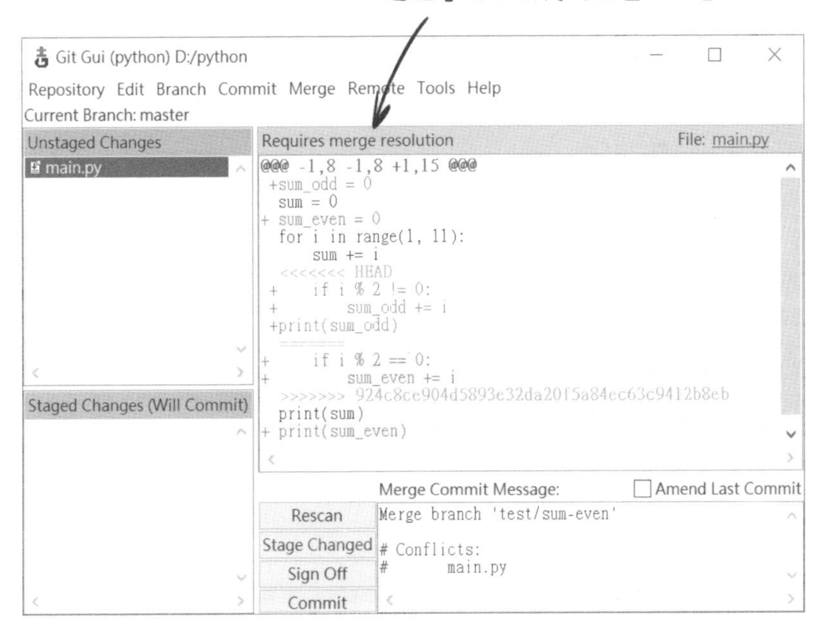

圖 8-13　Git GUI 程式顯示衝突的位置和內容

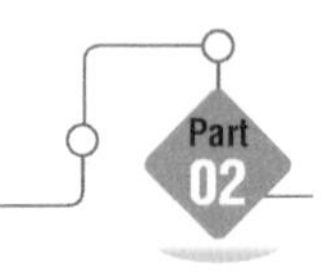

回到 Git GUI 程式，按下 Rescan 按鈕，會看到圖 8-13 的結果。現在讓我們繼續處理衝突。請參考圖 8-13，Git GUI 程式會把衝突的位置和內容顯示在右邊的窗格，它是用一串向左的箭頭，和一串向右的箭頭區隔出來。這種表現方式不是很直覺，因此不容易解讀，尤其是當衝突的地方比較多的時候，解讀起來會更困難，而且處理起來也不方便。不過沒關係，我們在單元 5 介紹過的檔案比對軟體，也可以用來處理檔案合併時發生衝突的情況。不過在使用前，必須先在 Git Bash 程式執行以下指令，完成設定：

```
git config --global merge.tool meld
git config --global mergetool.meld.path "這裡是 Meld.exe 執行檔的路徑"
git config --global mergetool.prompt false
git config --global mergetool.keepBackup false
```

第二行指令最後要填入 Meld 執行檔的路徑，例如"C:\Program Files\Meld\Meld.exe"。

設定 Merge Tool 只要執行一次即可，因為上面的指令有加上「--global」選項，表示這個 Windows 帳號的登入者，從今以後都會使用這個設定。

現在讓我們啟動 Meld，用它來處理衝突。請在 Git Bash 程式執行以下指令：

```
git mergetool
```

等 Meld 啟動之後，會看到圖 8-14 的畫面。畫面中央是修改前的版本，稱為 Base。兩邊分別是在二個分支上的版本。現在的任務就是把這三份程式碼，整合成最後的版本，也就是讓這三份程式碼一模一樣。我們按下圖 8-14 畫面上的箭頭，讓程式碼套用到隔壁的版本。也可以選取程式碼，然後做複製和貼上的動作。當然也可以直接編輯程式碼。如果想要復原修改，可以同時按下 Ctrl+Z。

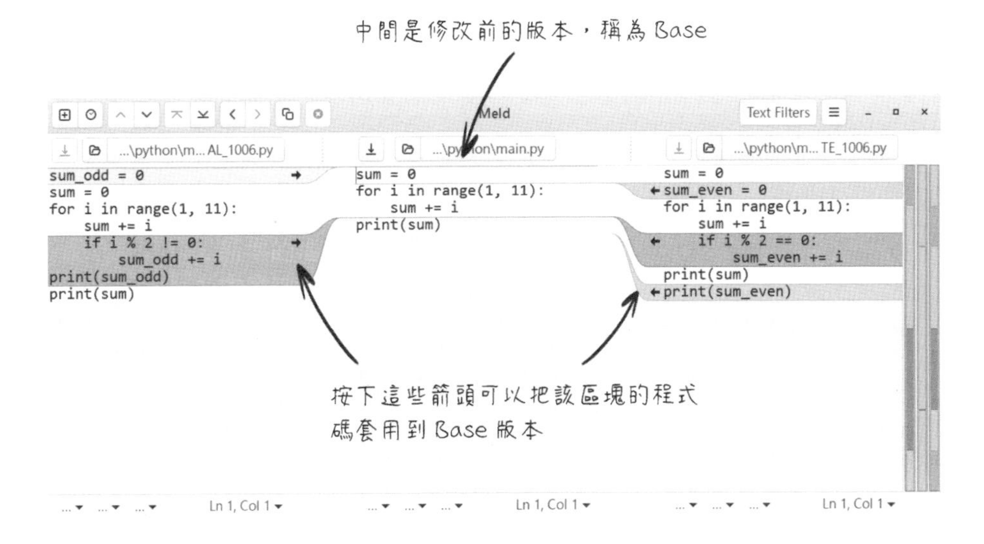

圖 8-14　用 Meld 程式處理衝突

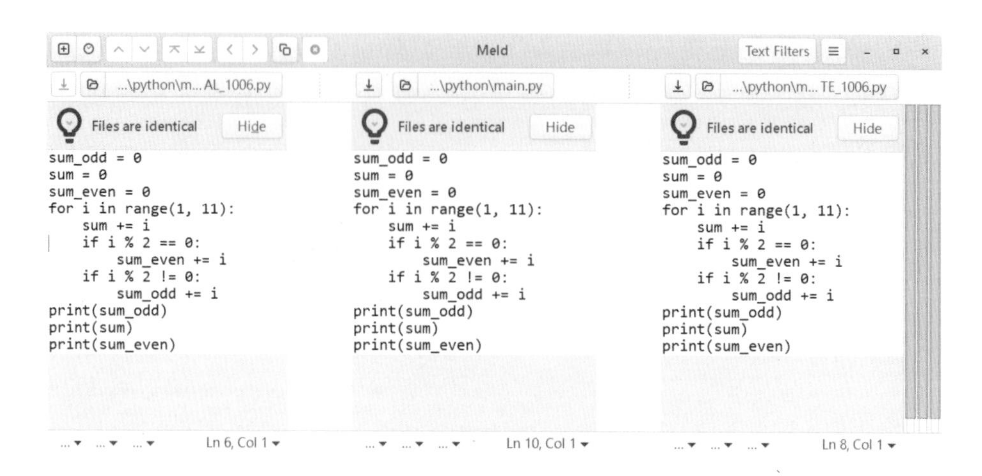

圖 8-15 程式碼整合完畢的畫面

圖 8-15 是程式碼整合完畢之後的畫面，三份程式碼的內容已經一模一樣。這時候點選 Meld 程式標題列最右邊的「X」按鈕，會出現一個對話盒，按下 Save 按鈕儲存結果。如果還有其他需要處理的檔案，Git 會再一次啟動 Meld 程式，讓我們處理該檔案，依此類推，直到所有檔案都處理完畢。最後回到 Git GUI 程式，按下 Rescan 按鈕，就會看到所有被修改的檔案都已經放在 Staging Area。接下來就是輸入 Commit 說明，然後按下 Commit 按鈕，就完成合併的操作。

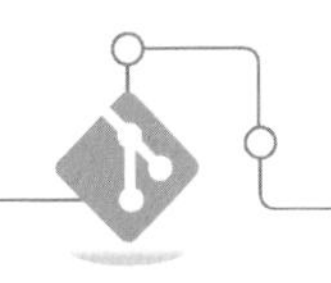

8-4 用 Cherry-Pick 合併指定的 Commit 版本

前面介紹的合併是針對分支，接下來要介紹的合併是針對某一個 Commit，也就是把該 Commit 的內容合併到目前的分支。這個操作稱為 Cherry-Pick，指令格式如下：

```
git cherry-pick commit 識別碼或標籤
```

在預設情況下，執行上述指令會建立一個新的 Commit。如果不想建立新的 Commit，可以加上「-n」選項，這時候 Git 只會修改資料夾中的檔案，但是不會執行 Commit。要提醒的是，執行 Cherry-Pick 之前，如果檔案已經被修改，必須先完成 Commit。否則執行時會出現下列錯誤訊息：

```
error: Your local changes to the following files would be overwritten
by merge:
        這裡會列出有修改的檔案清單
Please commit your changes or stash them before you merge.
Aborting
fatal: cherry-pick failed
```

其實在作分支合併之前，也要先把目前所作的修改用 Commit 儲存下來，否則一樣會顯示錯誤訊息。

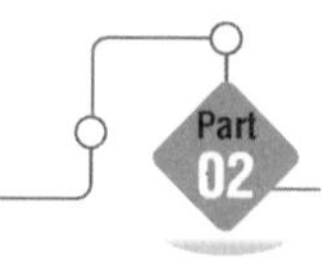

既然 Cherry-Pick 指令也是一種合併，那麼它也有可能在執行的過程中發生衝突，這時候它會顯示以下訊息：

```
error: could not apply (commit 識別碼)... (commit 說明)
hint: after resolving the conflicts, mark the corrected paths
hint: with 'git add <paths>' or 'git rm <paths>'
hint: and commit the result with 'git commit
```

發生衝突時我們有二個選擇：一是放棄執行，回到原來的狀態；二是我們自行處理發生衝突的檔案，然後完成合併。如果決定要放棄，可以執行以下指令：

```
git cherry-pick --abort
```

資料夾中的檔案和 Git 檔案庫都會回復到原來的狀態。如果想要繼續執行，可以利用前一小節的作法，啟動 Merge Tool，編輯發生衝突的檔案，最後再執行 Commit，就可以完成合併。

Cherry-Pick 也可以用 gitk 程式來執行。只要在 gitk 程式畫面，用滑鼠右鍵點選 Commit 的說明，就會出現圖 8-16 的選單，選擇 Cherry-pick this commit，就會把該 Commit 的檔案版本，合併到目前 HEAD 所指的分支。用 gitk 程式操作時，如果發生衝突，會顯示圖 8-17 的對話盒，它提示我們啟動 citool 來處理。其實我們同樣可以用自己設定的檔案比對軟體來處理，所以這裡請選擇 Cancel，再利用前一小節介紹的方法，啟動 Merge Tool 作後續處理即可。

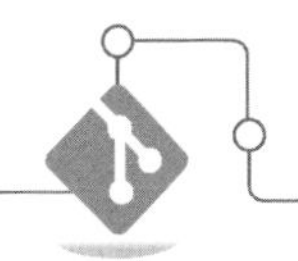

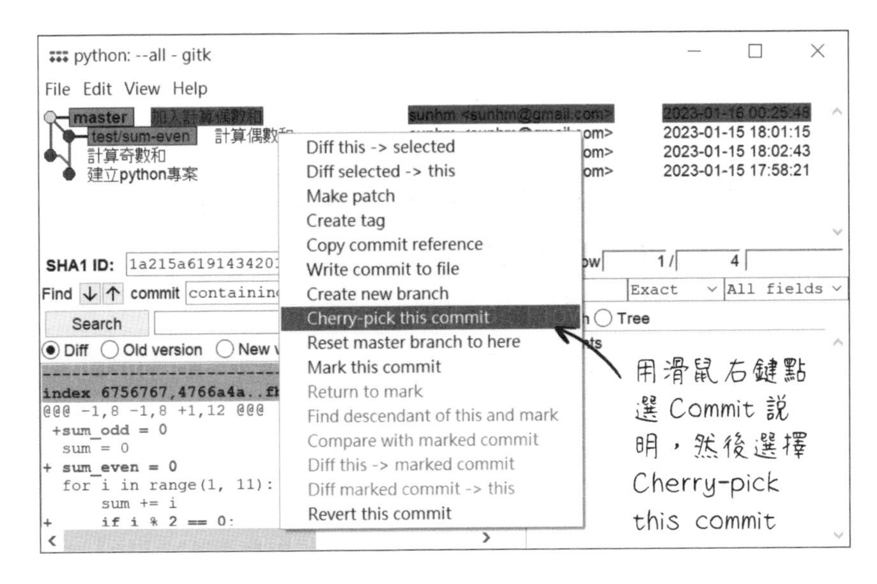

圖 8-16　用 gitk 程式執行 Cherry-Pick

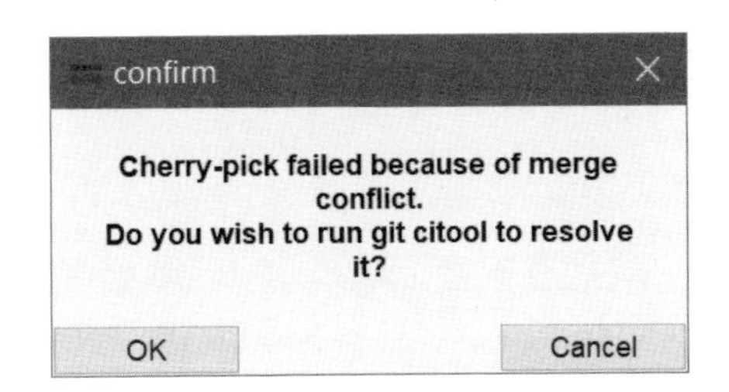

圖 8-17　Cherry-Pick 發生衝突時顯示的對話盒

8 合併分支和解決衝突

8-5 用 Revert 指令回到舊 Commit 的版本

我們已經學會用 git reset 指令，讓 Git 檔案庫和資料夾裡頭的檔案，回復到某一個 Commit 的狀態。除了 Reset，其實還有一個功能類似的 Revert 指令，也可以讓資料夾中的檔案，回到某一個 Commit 的狀態。這二個指令不同的地方是，Revert 指令不會刪除 Git 檔案庫中的 Commit。相反地，它會新增一個 Commit。例如以下指令會讓資料夾中的檔案回復到 HEAD 的上一個 Commit 的狀態，而且會在 Git 檔案庫中新增一個 Commit：

```
git revert HEAD
```

要特別留意的是，Revert 指令是回到「指定的 Commit 的前一個 Commit」。例如上面指令是指定 HEAD，所以執行之後會回到 HEAD 的前一個 Commit。Revert 指令的運作方式是把紀錄在 Git 檔案庫中的修改，以反方向套用一次。在執行的過程中也有可能發生衝突。如果發生衝突，會顯示類似前一個小節的錯誤訊息。這時候如果要放棄執行，可以利用以下指令：

```
git revert --abort
```

如果想要繼續執行，可以啟動 Merge Tool，編輯發生衝突的檔案，最後再執行 Commit。

Revert 也可以用 gitk 程式來完成。只要在 gitk 程式畫面，用滑鼠右鍵點選 Commit 的說明（參考前一小節圖 8-16），然後選擇最下面的 Revert this commit 即可。

回到某一個 Commit 版本的方法

在開發程式專案的過程中，取出舊 Commit 版本是很常見的需求。Revert 和 Reset 指令都可以回到舊的 Commit 版本，但是它們都會改變 Git 檔案庫的 Commit。如果不想更動 Git 檔案庫，可以利用單元 6-2 介紹的 Checkout 指令，但是要注意不同用法所造成的差異！

用 Rebase 指令改變分支的起始點

分支的使用技巧是學習 Git 的重點之一。截至目前為止，我們已經學會建立分支、合併分支和刪除分支。這些操作技巧就足以應付絕大多數的情況，但是還是有一些比較特殊的需求，譬如說我們建立了一個新分支，開始動手開發一項新功能，而且它需要比較長的時間才能夠完成。在這段時間內，master 分支也持續在修改。當這個新分支延續的時間愈長，它和 master 分支的差異就會愈來愈大（參考圖 9-1）。一旦這二個分支的差異變大，合併的複雜度就會增加。

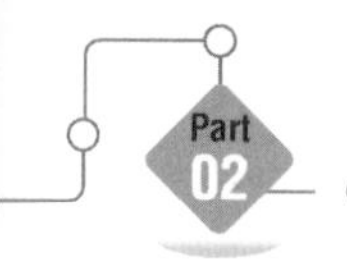

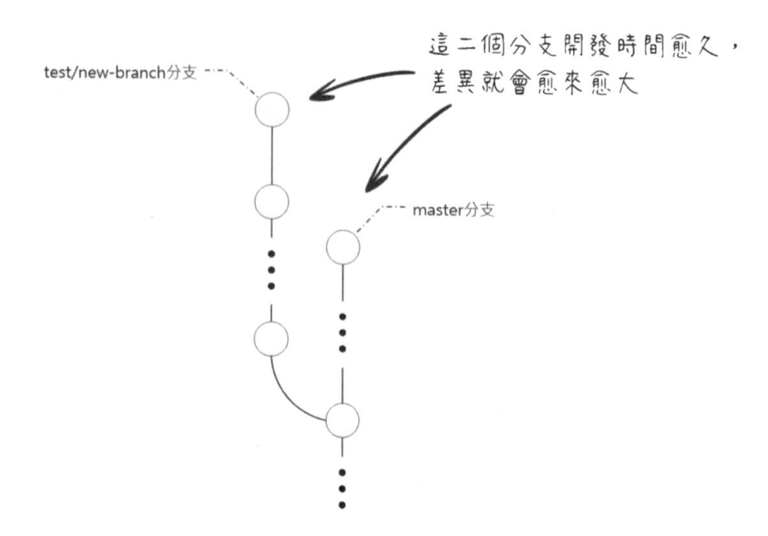
這二個分支開發時間愈久，
差異就會愈來愈大
test/new-branch分支
master分支

圖 9-1　分支開發時間愈久差異就會愈來愈大

9-1 解決分支開發時間比較久的問題

以圖 9-1 來說，為了讓 test/new-branch 分支在開發過程中，能夠維持和 master 分支同步。也就是把 master 分支上的修改，套用到 test/new-branch 分支上。我們可以在適當的時間點，把 master 合併到 test/new-branch，然後再各自繼續開發，這樣就會變成圖 9-2 的結果。

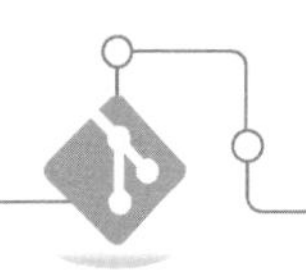

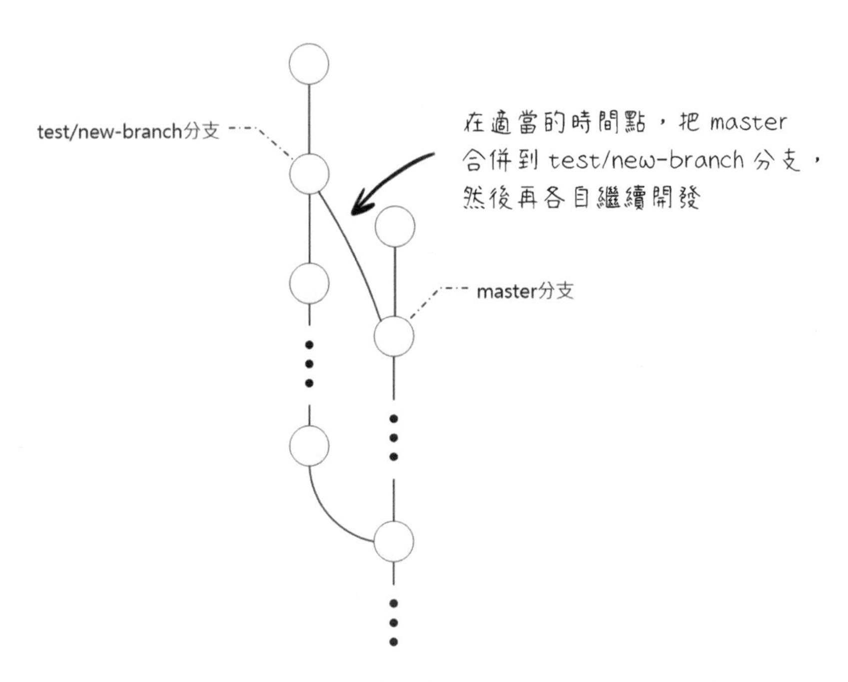
test/new-branch分支
在適當的時間點，把 master
合併到 test/new-branch 分支，
然後再各自繼續開發
master分支

圖 9-2　把 master 分支合併到 test/new-branch 分支

這裡要提醒讀者注意，這裡的合併和前一個單元的做法正好相反。前一個單元是在分支開發完成後，把 test/new-branch 合併到 master。這裡卻是反過來，把 master 合併到 test/new-branch。也就是說，合併產生的 Commit 是屬於 test/new-branch，不是屬於 master。

合併之後，master 分支和 test/new-branch 分支又會繼續修改。一段時間之後，我們必須再一次將 master 合併到 test/new-branch。如果這種狀況持續下去，不難想像，最後 master 和 test/new-branch 這二個分支會變成圖 9-3 的網狀型態。

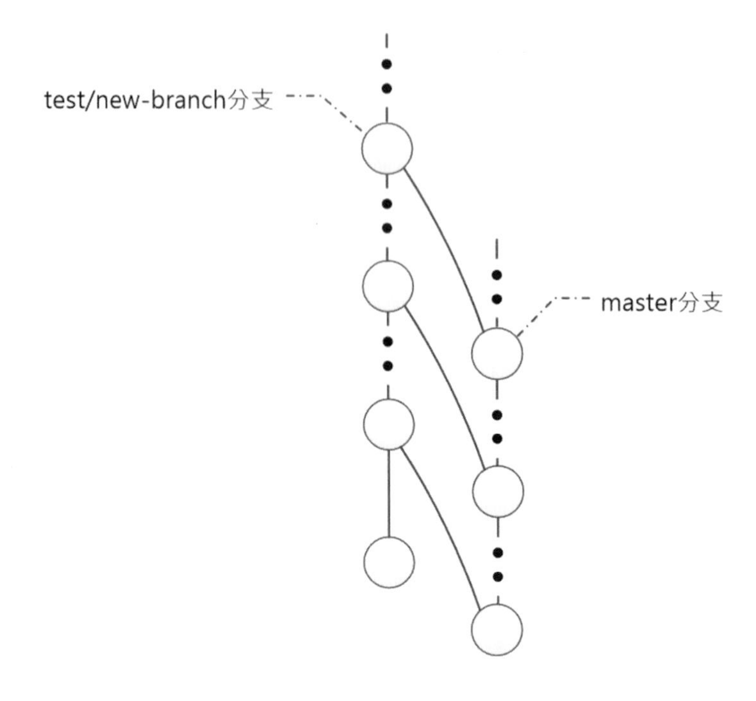

圖 9-3　master 分支和 test/new-branch 分支經過多次合併變成網狀型態

這種情況不算錯誤，因為合併後的結果是正確的，Git 檔案庫也能夠正常運作，只是 Commit 演進圖看起來會比較複雜。其實有一種做法可以改變圖 9-3 的結果，讓它大幅簡化。這個神奇的功能就叫做 Rebase。

Rebase 也是把另一個分支的修改套用到 HEAD 所指的分支，但是它執行前後的差異會是圖 9-4 呈現的型態。左邊是執行前的狀態，test/new-branch 分支是從 master 分支的舊 Commit 延伸出來。執行 Rebase 之後，會變成從 master 分支最新的 Commit 長出來，變成圖 9-4 右邊的結果。也就是說，Rebase 會改變分支長出來的位置。當 master 分支上持續執行 Commit 之後，再一

次用 Rebase 指令，把 master 分支的修改套用到 test/new-branch 分支。於是 test/new-branch 長出來的位置又再度被更新。比較圖 9-3 和圖 9-4 就會發現，Rebase 指令可以避免二個分支出現相互交織的情況，因此可以讓 Commit 演進圖變得簡單。了解 Rebase 的功能之後，接著就來介紹它的用法。

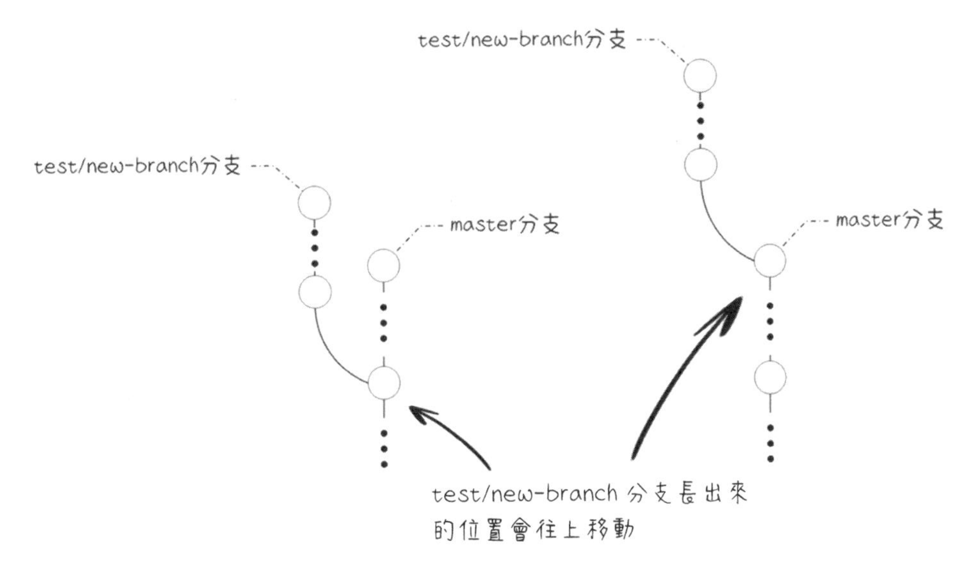

圖 9-4　執行 Rebase 後的結果

9-2 Rebase 指令的用法

Rebase 指令的用法很簡單，只要把原來使用 Merge 指令的地方，改成用 Rebase 指令即可。例如以下是用 Merge 把 Master 分支合併到 test/new-branch 分支：

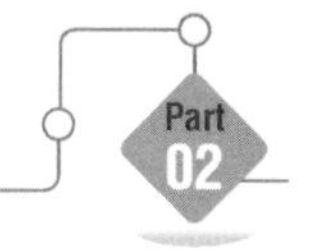


```
git checkout test/new-branch
git merge master
```

如果換成用 Rebase，就變成以下指令，粗體字是要修改的部分：

```
git checkout test/new-branch
git rebase master
```

Rebase 和 Merge 一樣，都有可能出現衝突的情況。發生衝突時，會顯示類似下面的錯誤訊息：

```
Auto-merging program.py
CONFLICT (content): Merge conflict in program.py
error: could not apply 0c543d5... 修改程式檔
hint: Resolve all conflicts manually, mark them as resolved with
hint: "git add/rm <conflicted_files>", then run "git rebase
--continue".
hint: You can instead skip this commit: run "git rebase --skip".
hint: To abort and get back to the state before "git rebase", run "git
rebase --abort".
Could not apply 0c543d5... 修改程式檔
```

這時候我們有二個選擇：第一是放棄 Rebase，回到未執行前的狀態；第二是自行處理衝突的地方，然後完成 Rebase。如果決定要放棄，可以執行以下指令：

```
git rebase --abort
```

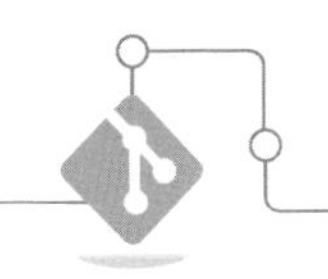

如果想要繼續執行 Rebase，可以利用上一個單元的作法，啟動 Merge Tool，編輯發生衝突的檔案，然後執行以下指令：

```
git rebase --continue
```

就可以完成 Rebase。

9-3 執行 Rebase 之後想要反悔怎麼辦

執行 Rebase 指令之後如果想要反悔，在衝突的狀態下，只要利用「git rebase --abort」指令，就可以回復到未執行前的狀態。可是如果 Rebase 指令已經從頭到尾執行完畢，這時候想要回復到 Rebase 之前的狀態就需要一些技巧？但是請放心，它還是可以做到，只不過比較麻煩一點！

基本上我們還是可以利用 git reset 指令來還原 Rebase，但是必須先找到執行 Rebase 之前，HEAD 所指的是哪一個 Commit。由於 HEAD 隨時都指到最新的 Commit，它會不斷地變動，要如何找到舊的 HEAD 的位置呢？Git 提供一個 git reflog 指令，它可以讓我們查詢 HEAD，或是任何分支變動的歷史紀錄，這個指令的格式如下：

```
git  reflog  HEAD 或是分支名稱
```

例如執行 git reflog master 會顯示類似如下的結果：

```
da2e5be (master) master@{0}: commit: 修改 Word 檔
48609a4 master@{1}: commit: 修改程式檔
254cf9b master@{2}: commit: 修改程式碼、Word 檔和縮小圖片
d9b0a0b master@{3}: commit (initial): 建立 Git 教學專案
.
.
.
```

如果顯示的訊息超過螢幕高度，在最後一行會顯示一個冒號「:」，這時候按下鍵盤的 q 鍵就可以離開。看最上面第一行訊息，它是目前 master 分支最新的 Commit。也就是說，在目前的狀態下，我們可以用 master@{0}表示 da2e5be 這個 Commit。但是如果我們又執行新的操作，它們的對應關係就會改變，這時候必須重新執行 git reflog master 指令，才能夠得到最新的對應關係。git reflog 指令顯示的結果是依照時間順序由上往下排列，我們可以利用 master@{數字}來表示它對應的 Commit。

如果執行 git reflog 指令時不加任何參數，就會列出 HEAD 變動的歷史紀錄。假設我們已經執行完 Rebase，接著執行 git reflog 指令，就會看到類似如下的結果：

```
b6b88ce (HEAD -> test/new-branch) HEAD@{0}: rebase (finish): ...
b6b88ce (HEAD -> test/new-branch) HEAD@{1}: rebase (pick): 修改程式檔
da2e5be (master) HEAD@{2}: rebase (start): checkout master
0c543d5 HEAD@{3}: reset: moving to @^
e98f959 HEAD@{4}: merge c66bf31ec431c9824d264e5ca3cc8ff23701ae25: ...
...(更早以前的 HEAD 紀錄)
```

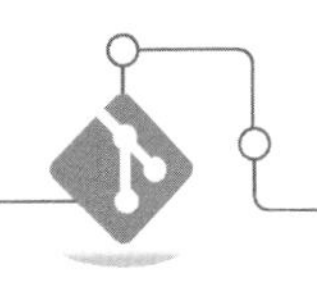

從最上面三行訊息可以看出它們都是執行 Rebase 所造成的變動，因為訊息都是以 rebase 開頭。換句話說，在執行 Rebase 之前，HEAD 所在的 Commit 是位於 HEAD@{3}這個位置。找到這個 Commit 之後，只要執行以下指令，就可以讓 Git 檔案庫回到 Rebase 之前的狀態：

```
git reset --hard HEAD@{3}
```

Git Flow 和 TBD 開發模式

經過前面幾個單元的努力，我們算是已經具備足夠的 Git 操作技能。現在就像是學完一套武功的基本招式，接下來就是要熟練這些招式的組合應用，才能夠讓它發揮最大的效果。這個單元要介紹二種 Git 分支使用策略，它們分別是 Git Flow 和 Trunk-Based Development（簡稱 TBD）。Git Flow 是比較嚴謹的規範，它制定了許多不同型態的分支，以確保每一項工作，都能夠在獨立的分支上完成，並且成功地整合起來。TBD 則是比較簡單直覺，它的規定比較少，需要開發者自主配合，才能夠確保程式專案能夠順利進行，並且維持良好的開發品質。以下先從 Git Flow 開始介紹。

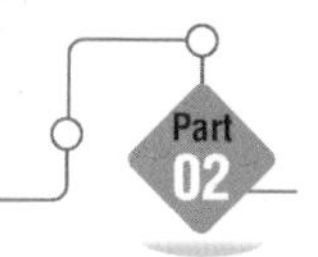

10-1 Git Flow 架構

我們用圖 10-1 說明 Git Flow 如何控管程式專案的開發流程。第一次看到這張圖一定會覺得它很複雜！沒錯，乍看之下，它確實有點複雜。但是程式專案不會一開始就呈現這樣的狀態。圖 10-1 是為了解釋 Git Flow 的架構，後面我們會解釋它是如何形成的。

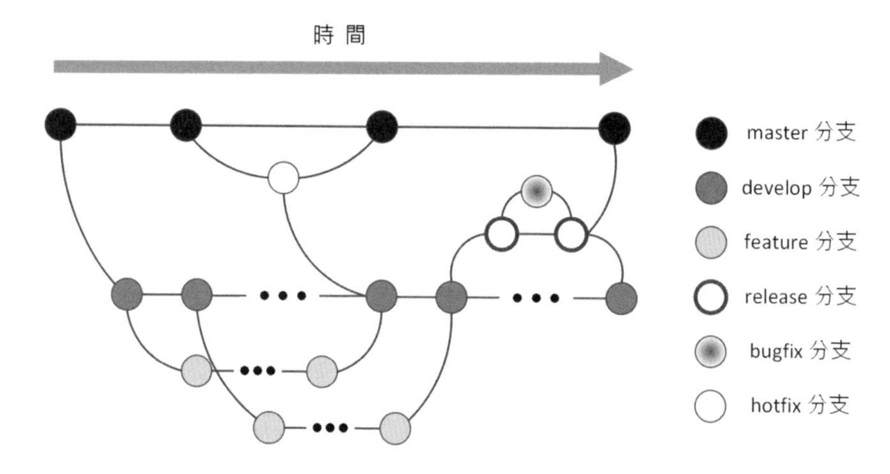

圖 10-1 Git Flow 程式專案開發流程

圖 10-1 中總共有以下六種分支：

1. master 分支

   這個分支上的 Commit 是程式專案公開給使用者安裝的正式版。例如我們使用的 Office 軟體，就是這種公開的正式版。

2. develop 分支

   這個分支上的 Commit 是研發團隊內部使用的開發版，程式開發人員會把他的開發成果，整合到這個分支。develop 分支是直接從 master 分支延伸出來，程式開發人員再從 develop 分支延伸出其他分支，然後在各自的分支上做開發。

3. feature 分支

   如果要幫程式開發新功能，必須先從 develop 分支長出一個 feature 分支，然後在該分支上做開發。等到完成該功能，再把 feature 分支合併到 develop 分支。圖 10-1 中有二個 feature 分支。

4. release 分支

   當 develop 分支上整合好該有的功能之後，就可以開始準備發行正式版。於是我們從 develop 分支長出一個 release 分支，然後開始對 release 分支上的版本做測試。如果測試後發現 Bug，必須用後面介紹的 bugfix 分支來處理，直到修正全部的 Bug 之後，再把 release 分支合併到 master 分支，成為正式版。同時也要把 release 分支合併到 develop 分支，讓所有 Bug 的修正，套用到 develop 分支上的版本。

5. bugfix 分支

   在對 release 分支上的程式專案做測試時，如果發現 Bug，必須建立一個新的 bugfix 分支，然後在這個分支上修正程式碼。等到修改完成，再把這個 bugfix 分支合併到 release 分支。

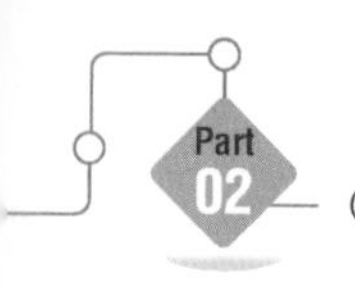

6. hotfix 分支

   正式版公開發行之後，使用者會回報他們發現的 Bug。如果要處理使用者回報的 Bug，必須從 master 分支上，長出新的 hotfix 分支，然後在該分支上修正程式碼。等到修正完成，再把 hotfix 分支合併到 master 分支，成為修正後的正式版。另外也要把 hotfix 分支合併到 develop 分支，讓開發中的程式專案也得到修正。

看完 Git Flow 架構的介紹，是不是覺得有點麻煩！如果專案開發只有一個人負責，是不是直接在 master 分支上做修改，然後 Commit，這樣就可以完成程式專案開發，不需要用到 Git Flow 這麼複雜的架構。這樣說是沒錯！因為只有一個人負責開發的話，不會發生檔案同時被修改的情況。但是如果是一群人同時開發一個程式專案，只有一個 master 分支顯然是不夠的，因為大家的修改有可能會同時進行，這時候就必須利用分支來作區隔。等到修改完畢，再合併到主要版本。所以 Git Flow 是屬於一種團隊開發模式。

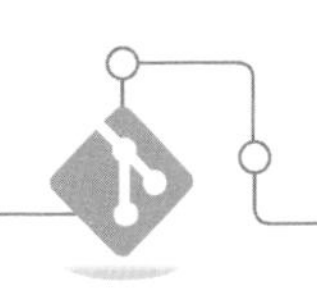

master 分支的另一個名稱

用 Git 建立 Git 檔案庫的時候，預設會建立一個 master 分支。如果讀者之前有用過 Git 伺服器網站，可能會發現有些不是用 master 這個名稱，而是用 main。要把 master 分支改名為 main 不是問題，我們在前面的單元 7 就介紹過如何改變分支名稱。但是為什麼有些網站會用 main 這個名稱呢？其實這是考量到人權的議題，因為 master 會讓人聯想到美國黑人奴隸的歷史事件。為了避免引發負面情緒，有些 Git 網站就把主要分支的名稱從 master 換成 main。

使用 Git Flow

我們運用前面學過的操作技巧，就可以建立圖 10-1 的開發流程。但是在實際應用的時候，有一些操作細節要留意，像是對於不同類型分支的命名，開發團隊必須先建立一套準則。還有每一種分支類型，都有各自合併的對象，這些都必須依照 Git Flow 的規定來進行。如果在實務上，能夠利用工具來輔助這些操作，可以讓過程更順利，並且減少出錯的機率。

其實 Git 本身就提供這樣的工具，讓我們可以很容易地使用 Git Flow。以下用一個範例來說明。

依照單元 2 介紹的方法，在程式專案資料夾完成 Git 檔案庫的初始化。

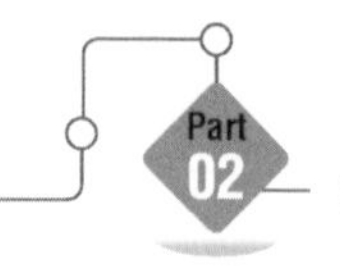

2 STEP 現在的程式專案只有一個 master 分支，沒有任何 Commit。我們啟動 Git Bash 指令視窗，執行以下指令，完成 Git Flow 初始化：

```
git flow init
```

執行之後會顯示以下訊息，讓我們設定前一個小節介紹的六種分支的名稱。如果想用預設值，直接按下 Enter 鍵即可。

```
No branches exist yet. Base branches must be created now.
Branch name for production releases: [master]
Branch name for "next release" development: [develop]

How to name your supporting branch prefixes?
Feature branches? [feature/]
Bugfix branches? [bugfix/]
Release branches? [release/]
Hotfix branches? [hotfix/]
Support branches? [support/]
Version tag prefix? []
Hooks and filters directory? [D:/python/.git/hooks]
```

現在我們可以開啟 gitk 程式，看一下 Git 檔案庫的狀態，它會呈現如圖 10-2 的畫面。

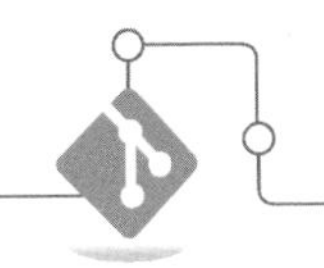

完成 Git Flow 初始化之後會有一個 master 分支和一個 develop 分支，而且會切換到 develop 分支，並且建立一個 Commit

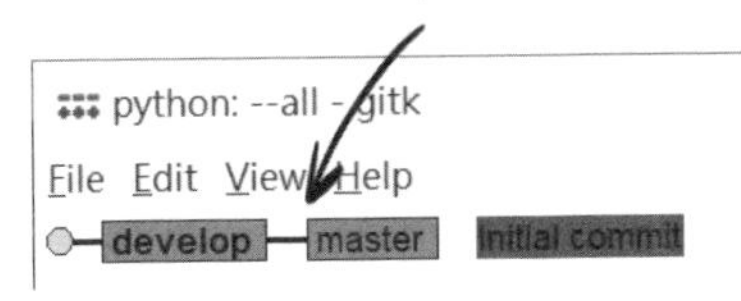

圖 10-2　完成 Git Flow 初始化的 Git 檔案庫

STEP 3 接下來在 develop 分支上開始開發程式，例如建立專案的基本架構。如果要開發新功能，必須先建立一個 feature 分支，我們可以利用下列指令完成這個動作。指令最後是我們幫這個分支取的名稱。分支名稱是依照功能來命名，Git 會在我們指定的分支名稱前面加上步驟 2 設定的前導文字。現在 Git 檔案庫會變成如圖 10-3 的型態。

```
git flow feature start compute-sum
```

以下是執行上述指令後顯示的訊息：

```
Switched to a new branch 'feature/compute-sum'

Summary of actions:
- A new branch 'feature/compute-sum' was created, based on
'develop'
- You are now on branch 'feature/compute-sum'

Now, start committing on your feature. When done, use:

    git flow feature finish compute-sum
```

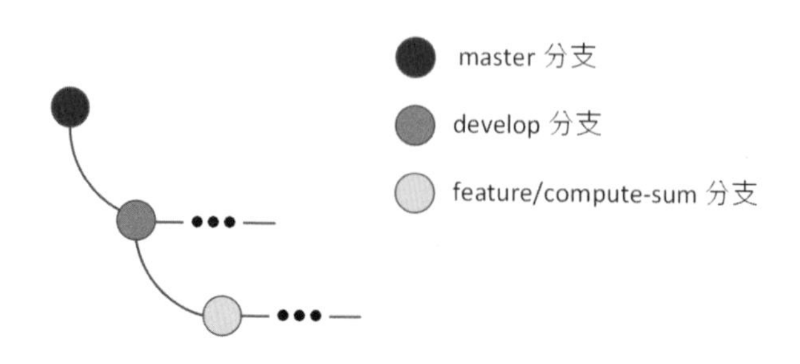

圖 10-3　建立 feature 分支後 Git 檔案庫

4 STEP 現在可以開始在 develop 分支和 feature 分支上開發程式，並且執行 Commit。當 feature 分支上的開發工作完成的時候，可以執行下列指令，把它合併到 develop 分支：

```
git flow feature finish compute-sum
```

指令最後是我們在前一個步驟設定的分支名稱。這個指令可以在任何分支上執行，它都會先切換到 develop 分支，再把指定的 feature 分支合併過來。合併之後會顯示 Vim 文字編輯器讓我們輸入 Commit 註解，操作方式請參考單元 8-1 的介紹，最後會顯示如下訊息。圖 10-4 是合併後的結果。

```
Switched to branch 'develop'
Merge made by the 'ort' strategy.
 logo.png | Bin 0 -> 20762 bytes
 1 file changed, 0 insertions(+), 0 deletions(-)
 create mode 100644 logo.png
Deleted branch feature/compute-sum (was 92e7a0d).

Summary of actions:
```

```
- The feature branch 'feature/compute-sum' was merged into
'develop'
- Feature branch 'feature/compute-sum' has been locally deleted
- You are now on branch 'develop'
```

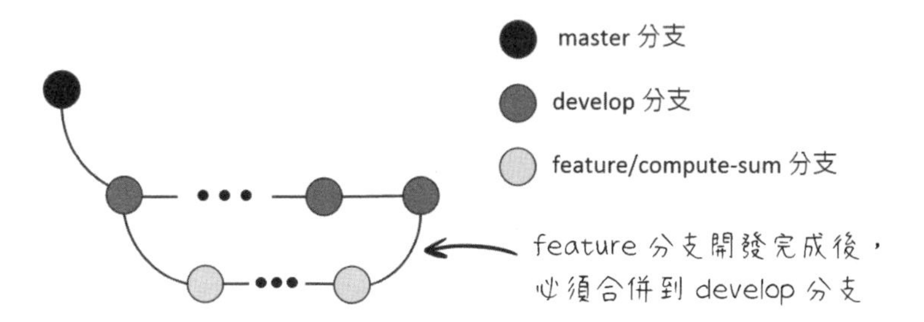

圖 10-4　把 feature 分支合併到 develop 分支後的狀態

5 STEP 假設我們已經完成全部功能的開發，準備要出正式版，這時候必須執行下列指令，建立 release 分支。然後就可以開始在這個分支上測試和修改程式。指令最後是我們幫分支取的名稱，通常 release 分支名稱會加上版本編號。圖 10-5 是建立 release 分支後的狀態。

```
git flow release start v1.0.0
```

這個指令可以在任何分支上執行，它會顯示如下訊息，裡頭說明建立的分支名稱，以及提示接下來要做的事。

```
Switched to a new branch 'release/v1.0.0'

Summary of actions:
- A new branch 'release/v1.0.0' was created, based on 'develop'
- You are now on branch 'release/v1.0.0'
```

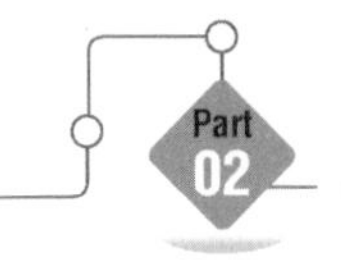

```
Follow-up actions:
- Bump the version number now!
- Start committing last-minute fixes in preparing your release
- When done, run:

     git flow release finish 'v1.0.0'
```

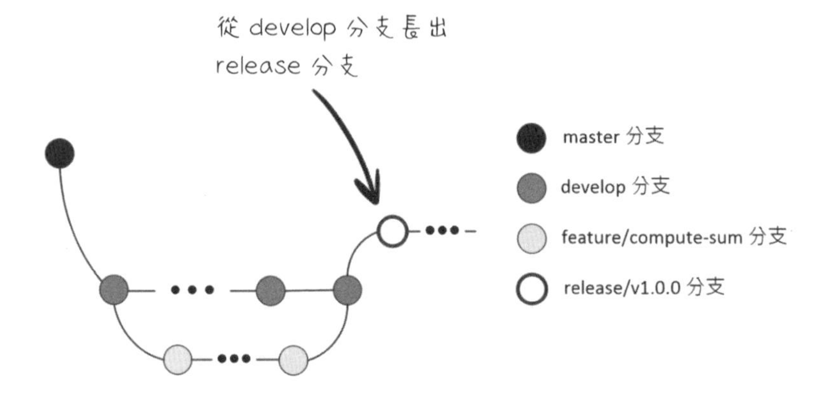

圖 10-5　建立 release 分支後的狀態

6 STEP 如果測試 release 分支上的程式時發現 Bug，必須新增一個 bugfix 分支來作修正。下列指令是在上一個步驟建立的 release/v1.0.0 分支上長出一個 bugfix 分支。倒數第二個參數，也就是 fix-crash，是我們幫分支取的名稱，最後一個參數是設定要從哪一個分支長出來。圖 10-6 是執行後的結果。

```
git flow bugfix start fix-crash release/v1.0.0
```

這個指令也可以在任何分支上執行（其實所有 git flow 指令，包括後面要介紹的，都可以在任何分支上執行）。執行以上指令之後會顯示如下訊息，訊息最後有提示修正 Bug 之後要執行的指令。

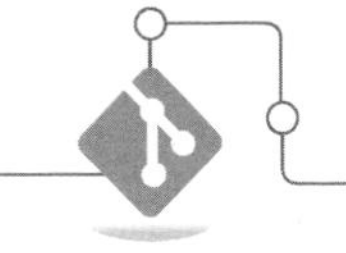

```
Switched to a new branch 'bugfix/fix-crash'

Summary of actions:
- A new branch 'bugfix/fix-crash' was created, based on
'release/v1.0.0'
- You are now on branch 'bugfix/fix-crash'

Now, start committing on your bugfix. When done, use:

     git flow bugfix finish fix-crash
```


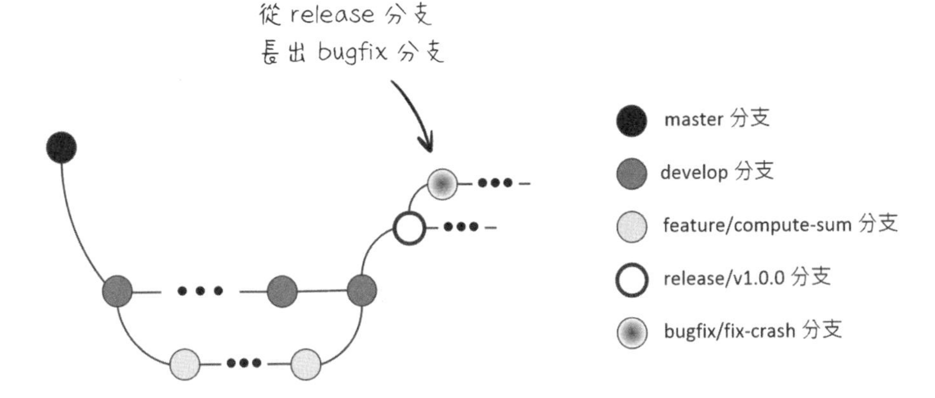

圖 10-6　新增一個 bugfix 分支

7 STEP 等到 Bug 修正完成，就可以把 bugfix 分支合併到 release 分支。這個動作需要用到的指令，在前一個步驟的訊息最後有提示，我們把它列出如下。每一個 Bug 都是用步驟 6 和 7 的方式處理。圖 10-7 是 Bug 處理完畢後的狀態。

```
git flow bugfix finish fix-crash
```

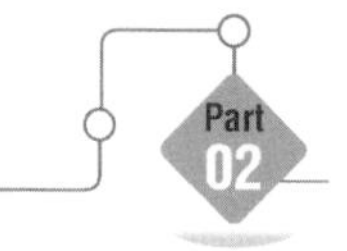

執行上述指令之後會顯示以下訊息：

```
Switched to branch 'release/v1.0.0'
Updating edbb754..a9b23db
Fast-forward
 program.py | 3 ++-
 1 file changed, 2 insertions(+), 1 deletion(-)
Deleted branch bugfix/fix-crash (was a9b23db).

Summary of actions:
- The bugfix branch 'bugfix/fix-crash' was merged into
'release/v1.0.0'
- bugfix branch 'bugfix/fix-crash' has been locally deleted
- You are now on branch 'release/v1.0.0'
```

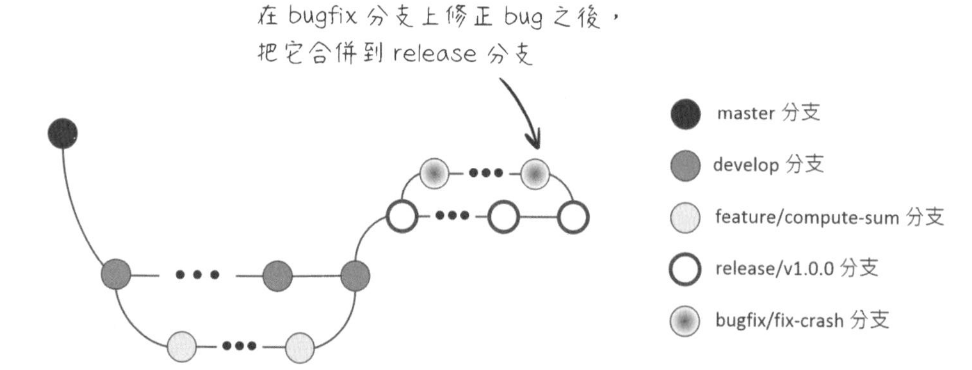

圖 10-7　把 bugfix 分支合併到 release 分支

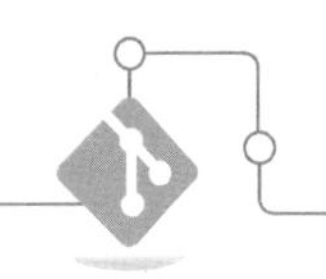

8 STEP 當完成 release 分支的測試和修改之後，接下來就是把它合併到 master 分支，成為正式版。另外還要把它合併到 develop 分支，也就是把修改回饋到開發中的專案。這個動作可以用下列指令完成，指令最後是我們在步驟 5 設定的 release 分支名稱，圖 10-8 是執行後的狀態。

```
git flow release finish v1.0.0
```

執行以上指令會顯示 Vim 文字編輯器讓我們輸入 Commit 註解，我們可以輸入「:q」然後按下 Enter 鍵離開，但是它會再顯示 Vim 文字編輯器讓我們在 master 分支上作一個 Tag，標示這個正式版的名稱或編號。我們如果沒有輸入 Tag，直接離開 Vim 文字編輯器，會顯示下列訊息：

```
Switched to branch 'master'
Merge made by the 'ort' strategy.
 ...(這段訊息是合併的細節)
Already on 'master'
fatal: no tag message?
Fatal: Tagging failed. Please run finish again to retry.
```

訊息最後的意思是說，因為沒有輸入 Tag，所以執行中斷。我們可以利用單元 5-1 介紹的方法，幫 master 分支上新建立的 Commit 加上 Tag，也就是正式版的名稱或編號，然後重新執行一次上面的指令，就可以順利完成 release 分支的合併，最後會顯示下列訊息，說明做了哪些合併，以及建立的 Tag。

```
Summary of actions:
- Release branch 'release/v1.0.0' has been merged into 'master'
- The release was tagged 'v1.0.0'
- Release tag 'v1.0.0' has been back-merged into 'develop'
- Release branch 'release/v1.0.0' has been locally deleted
- You are now on branch 'develop'
```

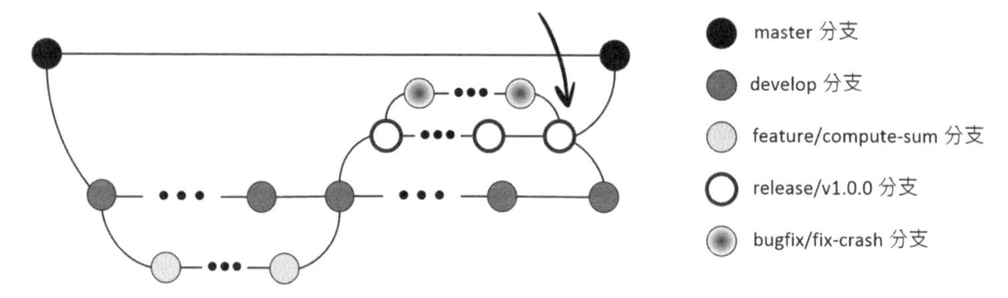

圖 10-8　把完成後的 release 分支合併到 master 分支和 develop 分支

9 STEP 程式的正式版公開之後，使用者會開始回報遇到的 Bug。這時候我們要用 hotfix 分支來做修正。以下指令會在 master 分支上長出一個 hotfix 分支，指令最後是我們設定的分支名稱。這裡假設使用者回報的 Bug 是無法登入，所以我們把這個分支取名為 fix-login-fail，執行結果如圖 10-9。

```
git flow hotfix start fix-login-fail
```

執行這個指令會顯示如下訊息，裡頭說明已經建立指定的分支，並且提示完成 Bug 修正之後要執行的指令。

```
Switched to a new branch 'hotfix/fix-login-fail'

Summary of actions:
- A new branch 'hotfix/fix-login-fail' was created, based on
'master'
- You are now on branch 'hotfix/fix-login-fail'

Follow-up actions:
- Start committing your hot fixes
- Bump the version number now!
- When done, run:

    git flow hotfix finish 'fix-login-fail'
```

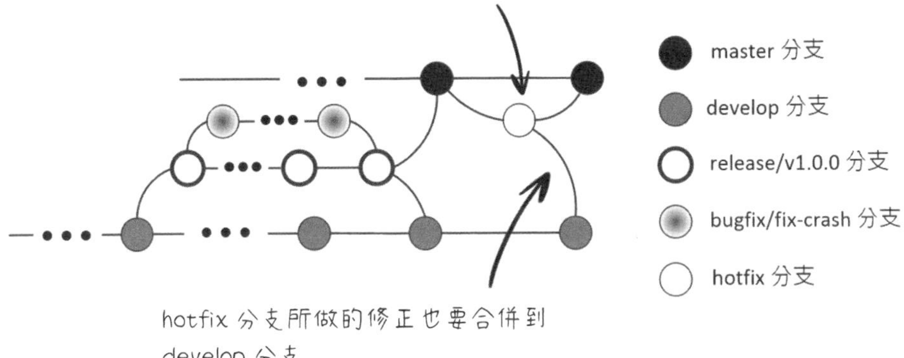

圖 10-9　用 hotfix 分支修正 master 分支上的 Bug

10 STEP 在 hotfix 分支上完成 Bug 修正之後，就可以把它合併到 master 分支，成為新的正式版。使用的指令就是前一個步驟訊息的最後一行，也就是：

```
git flow hotfix finish fix-login-fail
```

執行這個指令也會重複出現 Vim 文字編輯器。第一次是輸入 Commit 註解，我們可以直接離開。第二次是要幫 master 分支上的 Commit 建立一個 Tag，這個步驟不可以跳過，因此我們簡單說明一下 Vim 編輯器的用法。當它啟動之後，按下鍵盤 a 鍵，就可以開始輸入。輸入完畢，先按下 Esc 鍵，再輸入「:wq」，最後按下 Enter 鍵，就會建立 Tag，並且完成後續的分支合併。執行成功之後會顯示下列訊息，說明整個合併的過程中做了哪些事：

```
Switched to branch 'master'
Merge made by the 'ort' strategy.
...(這段訊息是合併的細節)
Switched to branch 'develop'
Merge made by the 'ort' strategy.
...(這段訊息是合併的細節)
Deleted branch hotfix/fix-login-fail (was 547ec2e).

Summary of actions:
- Hotfix branch 'hotfix/fix-login-fail' has been merged into
'master'
- The hotfix was tagged 'fix-login-fail'
- Hotfix tag 'fix-login-fail' has been back-merged into 'develop'
- Hotfix branch 'hotfix/fix-login-fail' has been locally deleted
- You are now on branch 'develop'
```

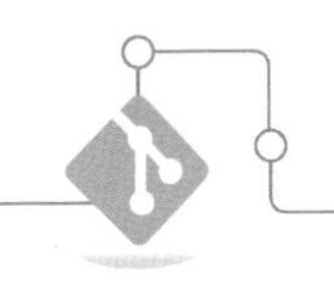

以上是 Git 本身內建的 Git Flow 工具的用法，其中有許多分支合併的步驟。只要是做分支合併，就有可能發生衝突。無論是哪一種分支的衝突，都可以利用單元 8 介紹的方式來處理。

Git Flow 指令執行分支合併後會自動刪除分支

在 Git Flow 的開發流程中，只有 master 和 develop 這二個分支會一直存在。其他分支在完成開發，並且合併到 master 或是 develop 分支之後，就會被刪除。

10-3 Trunk-Based Development 和優缺點比較

Git Flow 對於各種分支的使用時機有很明確的規範。理論上只要照著做，一切都會井然有序。但是把它套用到實際的專案開發時，有可能發生多個分支同時在進行開發。當分支延續的時間愈長，它和其他分支的差異就會愈來愈大。等到要合併時，愈容易發生衝突，處理起來會更複雜，也更容易出錯。

上述問題之所以會發生，是因為分支數量太多，造成程式碼版本不一致的情況，因而導致合併的時候更容易出現問題。如果我們改變作法，只保留一個公用版本，就能夠減少這樣的問題，這就是接下來要介紹的 Trunk-Based Development 的基本精神。TBD 把這個唯一的公用版本稱為 Trunk，它就是程式專案的主幹，如圖 10-10。

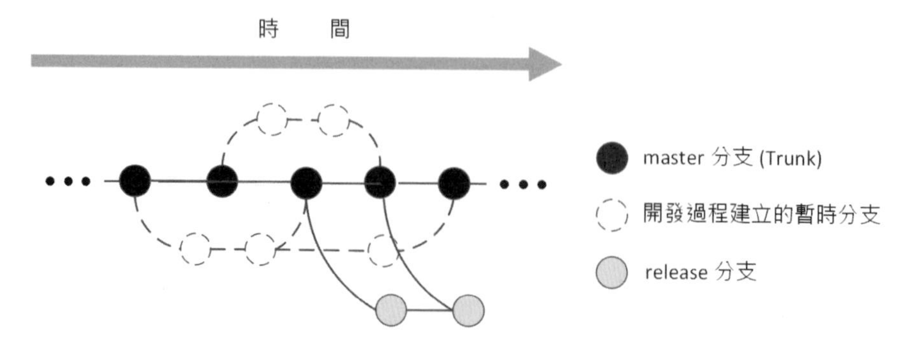

圖 10-10 Trunk-Based Development

以下是 TBD 的規範：

1. TBD 要求所有開發人員直接在 master 分支上修改。如果你習慣使用分支，也可以私下建立一個暫時性的分支來做開發，然後再合併到 master 分支。

2. 不管功能是否已經開發完成，每天都要把程式碼的變更 Commit 到 master 分支。如果功能還沒有完成，可以先用程式技巧將它跳過，不要執行，以確保 master 分支上的版本可以正常運作。之所以要做頻繁的 Commit 是為了讓 master 分支上的變動是呈現小幅度且漸進式的方式進行，這樣可以提早發現衝突，並且降低解決的困難度。

3. master 分支上的程式碼必須維持在可以正常執行的狀態，因此它可以隨時發佈成為正式版。

以上第 1、2 點應該沒有什麼大問題，只要開發人員照著做就可以，但是要達成第 3 點就是一個挑戰。因為在 TBD 模式下，master 分支會被頻繁地修改，這樣很容易造成程式執行不穩定的狀況。那麼究竟要如何維持它的正確性？在實務上有下列三個作法：

1. 參與 TBD 的開發人員必須具備一定程度的經驗和專業能力，以確保產出的程式碼品質。
2. 程式碼在合併到 master 分支之前，必須有一個審核機制，例如通過比較資深的開發人員的審查，以減少錯誤發生的機率。
3. 專案必須採用自動測試技術。當 master 分支被更新時，就開始執行測試。一旦發現錯誤，必須即刻解決。

TBD 模式如果到了要出正式版的階段，可以從 master 分支長出一個 release 分支來做正式版發行前的測試。如果發現 Bug，就回到 master 分支上修改，再把修改後的結果合併到 release 分支。依照這種模式，最後就會得到正式版。

Git Flow 和 TBD 各有優缺點，沒有誰好誰壞的問題。要採用哪一種作法必須依照程式專案的規模，開發者的經驗和能力、以及時間的急迫性來做選擇。表 10-1 列舉 Git Flow 和 TBD 適合的專案和開發團隊特性供讀者參考。

以開源專案來說，因為參與人數比較多，而且他們的經驗和背景的差異可能比較大，因此需要比較嚴謹的控管。在這種情況下，Git Flow 會是比較好的選擇。相對而言，如果專案參與人數比較少，而且大家都已經具備足夠的經驗，或是專案開發時程緊迫，這時候就可以考慮採用 TBD 模式。

表 10-1　Git Flow 和 TBD 開發模式比較

開發模式	適合的專案和開發團隊類型
Git Flow	1. 開源專案。 2. 大型開發團隊。 3. 團隊成員的經驗和專業差異比較大。
Trunk-Based Development	1. 專案開發時程緊迫。 2. 團隊成員具備一定程度的經驗和專業能力。 3. 採用自動測試技術。

Git Flow 搭配 Pull Request 審核機制

Git Flow 的基本精神是講求專案開發的品質，因此流程上比較嚴謹。當分支要合併的時候，如果搭配 Pull Request 機制，可以進一步確保修改後的程式碼符合團隊的規範。但是 Pull Request 需要 Git 伺服器的支援才能夠運作，相關用法會在本書 Park 4 的單元中做介紹。

遠端 Git 檔案庫是團隊開發的核心

到目前為止，我們操作的 Git 檔案庫都是儲存在程式專案資料夾裡頭，也就是名字叫做 .git 的隱藏子資料夾，我們稱它為本地 Git 檔案庫。如果這個程式專案需要和其他人一起開發，我們必須建立一個遠端 Git 檔案庫，讓所有參與者一起共用，這樣才能夠分享彼此的修改。這個單元我們要介紹如何建立和使用遠端 Git 檔案庫。

遠端 Git 檔案庫如何運作

其實早在單元 2 的圖 2-1 我們就展示了遠端 Git 檔案庫，它就是建立在 Git 伺服器上。為了解說方便，我們把其中相關的部分重

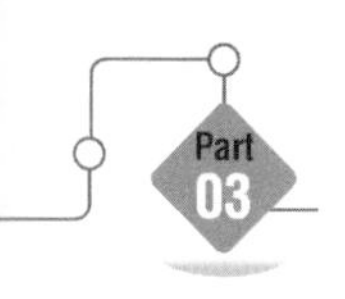

新繪製如圖 11-1。就大部分的情況來說，本地 Git 檔案庫是存在我們自己的電腦上，遠端 Git 檔案庫則是放在網路上的伺服器，這也是圖 11-1 展現的架構。但是理論上，遠端 Git 檔案庫不一定要儲存在網路上的電腦，它也可以放在我們自己的電腦上。所以就邏輯架構來說，在操作遠端 Git 檔案庫的時候，我們不需要知道它實際儲存的位置和以何種方式存在，因此可以把圖 11-1 簡化成圖 11-2。

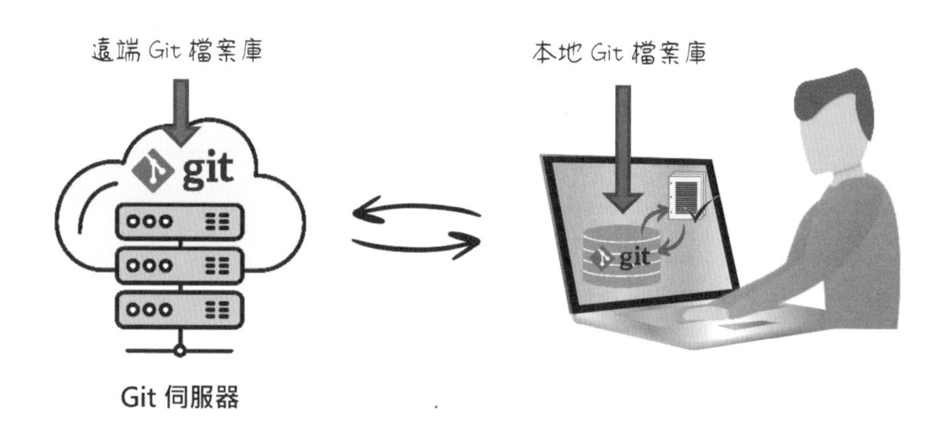

圖 11-1　遠端 Git 檔案庫

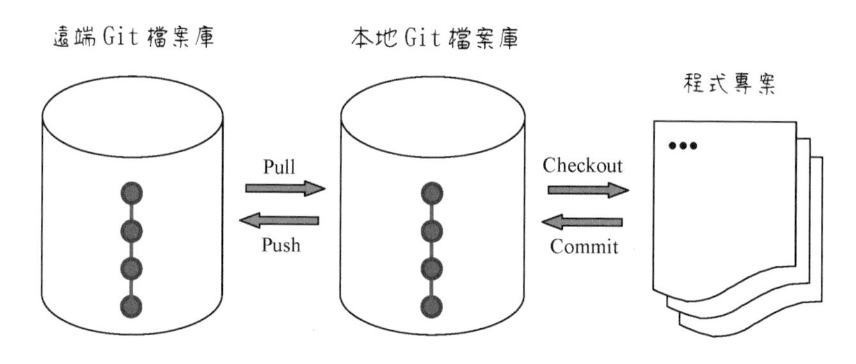

圖 11-2　遠端 Git 檔案庫的邏輯架構

我們前面學過的 Git 操作技巧，是把資料夾的內容存入本地 Git 檔案庫，以及從本地 Git 檔案庫裡頭取出檔案，也就是圖 11-2 右半邊的部分。如果仔細看圖 11-2 的左半邊，會發現遠端 Git 檔案庫的操作對象是本地 Git 檔案庫，而不是資料夾的內容。也就是說，我們必須讓遠端 Git 檔案庫和本地 Git 檔案庫的內容同步（也就是內容一致），再從本地 Git 檔案庫取出資料。

如果程式專案是由一個人獨立開發，不需要公開給其他人使用，那麼就必要性來說，只需要本地 Git 檔案庫即可。反過來說，如果程式專案是由一群人共同開發，那麼就需要建立一個遠端 Git 檔案庫讓大家共用。換句話說，遠端 Git 檔案庫是團隊開發的必要條件。但是其實就算是一個人單獨開發的程式專案，使用遠端 Git 檔案庫還是有下列二項好處：

1. 遠端 Git 檔案庫可以當成是程式專案的備份。如果自己電腦上的資料不小心刪除了，或是損毀，可以從遠端 Git 檔案庫複製出本地 Git 檔案庫，所有過去儲存的資料都能完整復原。
2. 可以在網路上公開遠端 Git 檔案庫，跟大家分享你的成果。

在開始介紹如何建立遠端 Git 檔案庫之前，讓我們先了解一下它的特點：

1. 本地 Git 檔案庫是儲存在資料夾底下的隱藏子資料夾.git 裡頭（其實我們可以利用設定檔來改變.git 資料夾的位置，但是除非有特殊的理由，否則通常不會這麼做）。但是遠端 Git 檔案庫卻是直接儲存在資料夾裡頭，而不是放在.git 子資料夾。這種模式的 Git 檔案庫稱為 Bare 型態。

2. 為了能夠一眼就看出資料夾裡頭是不是 Bare 型態的 Git 檔案庫，我們通常會把 Bare 型態的資料夾名稱後面加上.git，例如 MyProject.git。

3. 我們一樣可以用 Git 指令來檢視 Bare 型態的 Git 檔案庫。

4. 如果本地 Git 檔案庫和遠端 Git 檔案庫是儲存在不同的電腦上，它們之間的資料傳輸可以透過 HTTP/HTTPS、SSH、GIT protocol、FTP/FTPS 等方式來進行。

11-2 建立 Bare 型態的遠端 Git 檔案庫

遠端 Git 檔案庫和本地 Git 檔案庫的建立時間，沒有一定要誰先誰後的規定。在實務上，有可能先建立本地 Git 檔案庫，然後才決定要建立遠端 Git 檔案庫。例如專案一開始的時候是由某一個人獨自負責，一段時間之後才決定要成立開發團隊。這時候，一開始的那個開發人員，必須從他的本地 Git 檔案庫，複製出一個公用的遠端 Git 檔案庫。

另外一種情況是在程式專案的起始階段，就建立好遠端 Git 檔案庫，讓所有人從這個遠端 Git 檔案庫，複製出自己電腦上的本地 Git 檔案庫，然後再開始動手開發。這種方式比較單純，我們先從它開始介紹。

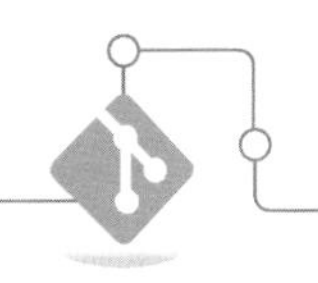

要建立 Bare 型態的 Git 檔案庫必須使用指令。首先開啟 Git Bash 視窗。我們可以在檔案總管中，展開要儲存 Git 檔案庫的資料夾，然後用滑鼠右鍵點它，再從選單中選擇 Git Bash Here（參考圖 11-3），就會啟動 Git Bash 視窗，而且自動切換到該資料夾。接下來在 Git Bash 視窗執行下列指令：

```
git init --bare  Git 檔案庫資料夾名稱
```

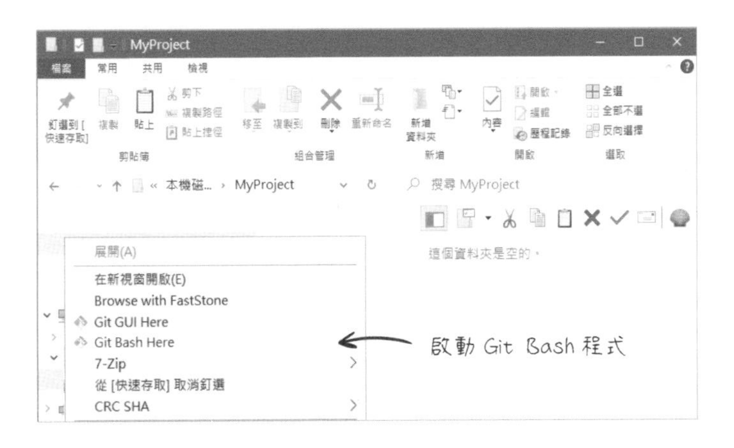

圖 11-3　啟動 Git Bash 指令視窗

在單元 2 我們介紹過 git init 指令，現在加入「--bare」選項，表示要建立 Bare 型態的 Git 檔案庫。上面指令最後是我們指定的 Git 檔案庫資料夾名稱，名稱最後通常會加上.git。執行以上指令之後，展開該資料夾，會看到如圖 11-4 的結果。就像前面解釋的一樣，它裡頭沒有.git 子資料夾。就技術上來說，一般型態的 Git 檔案庫也可以當成遠端 Git 檔案庫。但是除非有特殊原因，否則都會把遠端 Git 檔案庫建立成 Bare 型態，一來可以節省儲存空間，二來可以避免在上面執行 Commit。

圖 11-4　Bare 型態的 Git 檔案庫

11-3 從遠端 Git 檔案庫複製出本地 Git 檔案庫

要從遠端 Git 檔案庫複製出本地 Git 檔案庫，可以用 Git GUI 或是指令的方式操作。開啟 Git GUI 後，在圖 11-5 的畫面選擇 Clone Existing Repository，就會顯示圖 11-6 的畫面。先在第一個欄位設定遠端 Git 檔案庫的位置。如果遠端 Git 檔案庫是在我們的電腦上（例如我們可以用前一小節介紹的指令在自己的電腦上建立一個 Bare 型態的 Git 檔案庫），在這種情況下，可以按下右邊的 Browse 按鈕，然後在出現的檔案對話盒中選擇遠端 Git 檔案庫的資料夾。

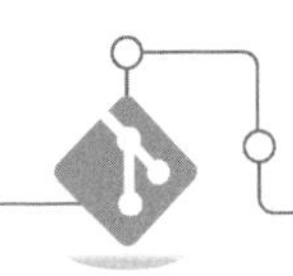

如果遠端 Git 檔案庫是在網路上（這是絕大多數的情況），這個欄位可以填入 HTTP、HTTPS 或是 SSH 格式的 URL，請參考以下範例：

```
https://github.com/username/MyProject.git
git@github.com:username/MyProject.git
```

上面第一行是 HTTPS 格式的遠端 Git 檔案庫網址，第二行是 SSH 格式的遠端 Git 檔案庫網址，它們都是建立在 GitHub 網站上。關於 GitHub 網站的用法我們會在單元 14 中介紹，這個範例只是先讓讀者了解網址的格式。

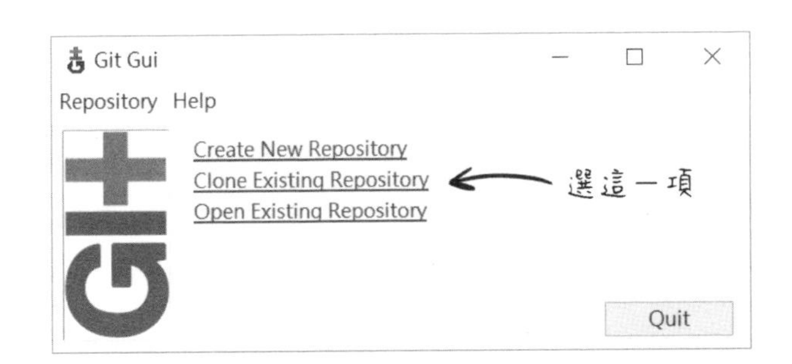

圖 11-5　用 Git GUI 程式複製遠端 Git 檔案庫

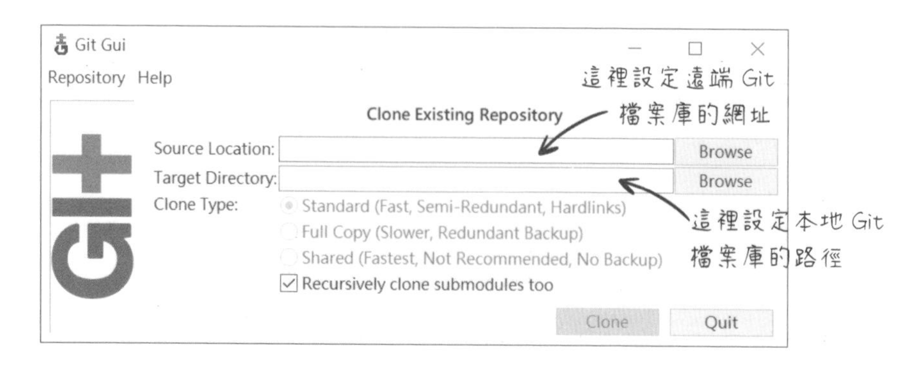

圖 11-6　選擇遠端 Git 檔案庫和本地 Git 檔案庫的路徑

圖 11-6 的第二個欄位是設定本地 Git 檔案庫的路徑，同樣可以按下右邊的 Browse 按鈕來做選擇。但是要注意，選好路徑之後，必須在該路徑最後再加一個新資料夾名稱。也就是說，要儲存本地 Git 檔案庫的資料夾，必須是還沒有存在的資料夾。因為如果該資料夾已經存在，裡頭的內容會被覆蓋。為了避免發生這種情況，Git 會強制建立一個新的資料夾，再把本地 Git 檔案庫存進去。設定好這二個欄位之後，按下右下角的 Clone 按鈕，就會開始下載。如果遠端 Git 檔案庫有帳號和密碼保護，會提示需要輸入帳密，驗證成功才能下載。如果遠端 Git 檔案庫是空的，也就是裡頭沒有任何 Commit，這時候會出現圖 11-7 的警告對話盒，請直接按下確定按鈕即可，然後就會看到我們熟悉的 Git GUI 畫面。接下來就可以用我們學過的方式來操作。

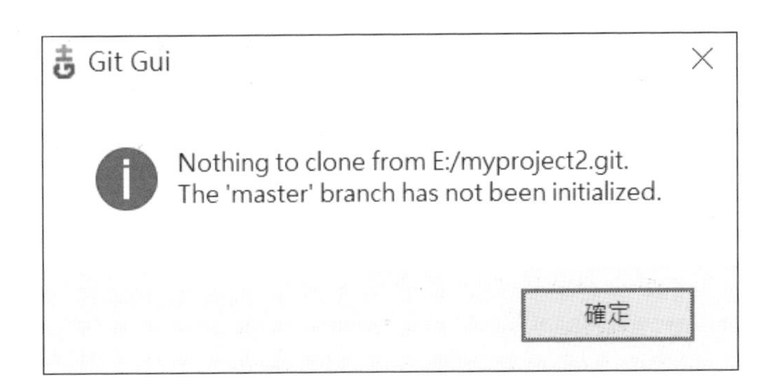

圖 11-7　如果遠端 Git 檔案庫是空的會顯示警告訊息

要從遠端 Git 檔案庫複製出本地 Git 檔案庫也可以用 git clone 指令來操作。假設遠端 Git 檔案庫是在自己電腦上的「C:/MyProject」這個路徑裡頭，我們可以在 Git Bash 視窗執行下列指令，把它複製到指令最後指定的那個資料夾：

```
git clone C:/MyProject C:/Users/username/MyProject
```

如果遠端 Git 檔案庫目前是空的，會顯示一個警告訊息。我們可以忽略它，因為執行結果還是正確的。

如果遠端 Git 檔案庫是在網路上，就必須使用 HTTP、HTTPS 或是 SSH 格式的網址，以前面示範的遠端 Git 檔案庫網址來說，就是執行下列指令：

```
git clone https://github.com/username/MyProject.git
C:/Users/username/MyProject

git clone git@github.com:username/MyProject.git
C:/Users/username/MyProject
```

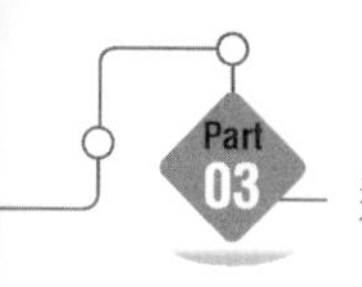

第一個指令是用 HTTPS 格式的網址，第二個指令則是 SSH 格式的網址。過程中有可能需要輸入帳密做驗證，通過驗證才會開始下載。執行成功會顯示下列訊息，然後就可以運用之前學過的方法來操作本地 Git 檔案庫。

```
Cloning into 'C:/Users/knu/MyProject'...
remote: Enumerating objects: 11, done.
remote: Counting objects: 100% (11/11), done.
remote: Compressing objects: 100% (7/7), done.
remote: Total 11 (delta 4), reused 11 (delta 4), pack-reused 0
Receiving objects: 100% (11/11), 31.65 KiB | 4.52 MiB/s, done.
Resolving deltas: 100% (4/4), done.
```

遠端 Git 檔案庫的資料同步

一旦建立好遠端 Git 檔案庫，開發團隊的每一位成員都可以把它複製到自己的電腦上，然後就可以利用之前學過的操作技巧，開始著手開發。每一個人執行 Commit 的時候，都是把程式專案資料夾的更動，儲存在自己電腦上的本地 Git 檔案庫。接下來的問題是，如何把這些新的修改，回傳到遠端 Git 檔案庫？而且不同人的修改要如何整合起來？

12-1 上傳本地 Git 檔案庫的 Commit

當我們把遠端 Git 檔案庫複製到自己的電腦上時，這個複製出來的本地 Git 檔案庫，和原來的遠端 Git 檔案庫之間，會存在連結關係。這個連結關係會記錄在本地 Git 檔案庫的設定檔中，說的更清楚一點，它就是一個叫做 origin 的屬性。如果執行單元 4 介紹過的「git config -l」指令，會看到如下內容：

```
...
remote.origin.url=遠端 Git 檔案庫的位址
remote.origin.fetch=+refs/heads/*:refs/remotes/origin/*
```

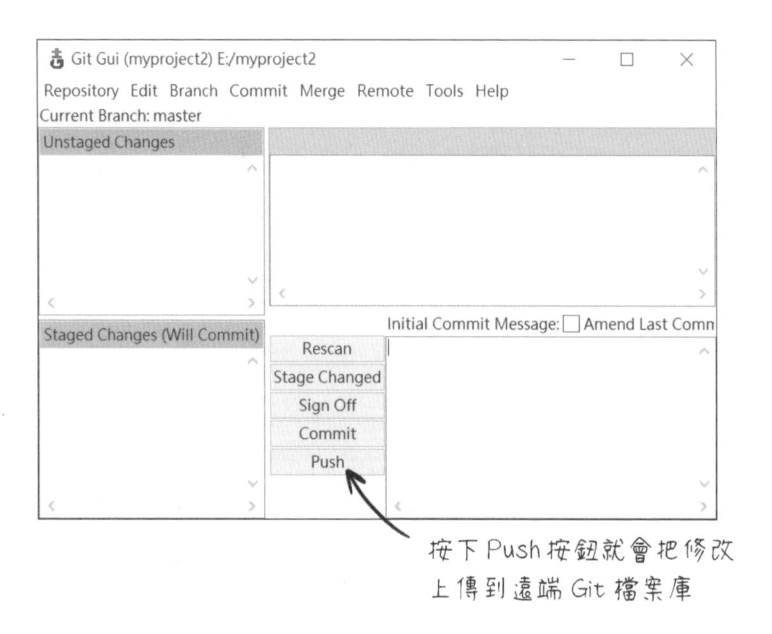

圖 12-1 用 Git GUI 把新的 Commit 上傳到遠端 Git 檔案庫

要把本地 Git 檔案庫中的新 Commit 上傳到遠端 Git 檔案庫，可以用 Git GUI 或是指令的方式來完成。如果是用 Git GUI 程式，只要按下畫面下方的 Push 按鈕（參考圖 12-1），就會顯示圖 12-2 的對話盒，它可以讓我們選擇要上傳的分支，以及上傳到哪裡，其

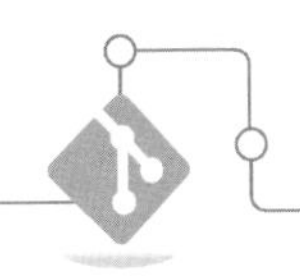

中的 origin 就是遠端 Git 檔案庫。設定完畢，按下下方的 Push 按鈕，就會開始上傳。

如果遠端 Git 檔案庫有使用權限控管，在連線的時候就需要做驗證。一般會用二種方式，第一種是帳號和密碼，第二種是用 SSH 通訊協定。如果是用帳號和密碼的方式，在和遠端 Git 檔案庫連線的時候會提示輸入帳密。至於 SSH 連線方式，請參考本書後續單元 14 的介紹。上傳完畢後開啟 gitk 程式，會看到除了原來的 master 分支，還有一個新的 remotes 開頭的分支（參考圖 12-3），它就是遠端 Git 檔案庫上的分支。

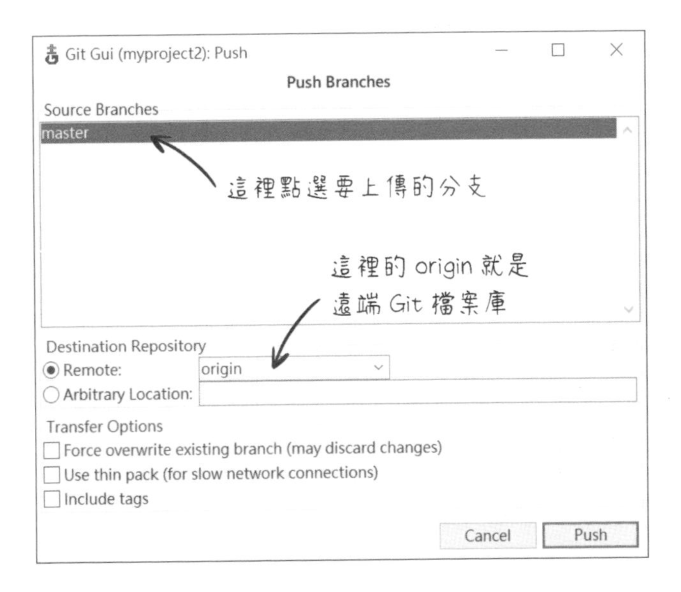

圖 12-2　設定要上傳的分支以及上傳到哪裡

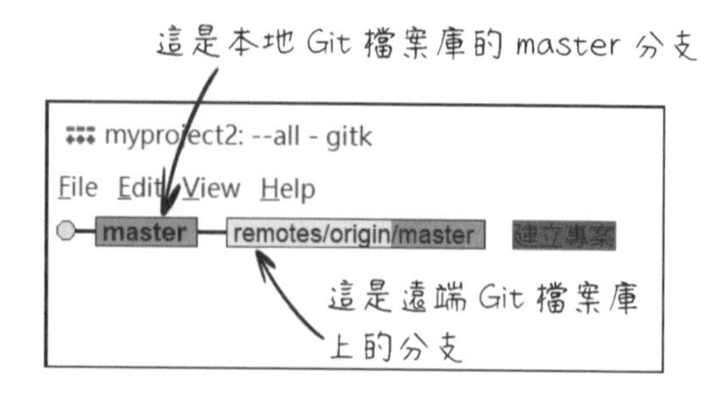

圖 12-3　gitk 程式顯示遠端 Git 檔案庫上的分支

如果要用指令的方式操作，可以在 Git Bash 視窗執行下列指令：

```
git push origin 分支名稱
```

其中的 origin 就是前面提到，儲存在 Git 設定檔中的 origin 屬性，它就是遠端 Git 檔案庫的網址。執行成功後會顯示下列訊息：

```
Enumerating objects: 7, done.
Counting objects: 100% (7/7), done.
Delta compression using up to 8 threads
Compressing objects: 100% (4/4), done.
Writing objects: 100% (7/7), 101.16 KiB | 25.29 MiB/s, done.
Total 7 (delta 0), reused 0 (delta 0), pack-reused 0
To 遠端 Git 檔案庫網址
 * [new branch]      master -> master
```

除了遠端 Git 檔案庫和本地 Git 檔案庫之間的對應關係之外，檔案庫內部的分支之間也會有對應關係（參考圖 12-4），這些關係也會記錄在 Git 設定檔裡頭。我們可以利用「git config -l」指令，搭配 grep 指令，找出和某一個分支相關的設定，例如要看 master 分支的設定，可以在 Git Bash 視窗執行以下指令：

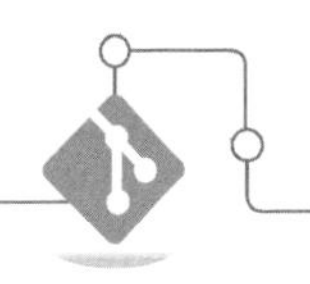

```
git config -l | grep master
```

上面這個指令是使用 Pipeline 技巧，中間的「|」字元就代表 Pipeline，它會先執行前面的「git config -l」指令，再把結果傳給 grep 指令處理。grep 指令會找出含有指定關鍵字的那幾行，以上面的例子來說，關鍵字就是 master。以下是執行結果範例：

```
branch.master.remote=origin
branch.master.merge=refs/heads/master
```

第一行表示 master 分支和 origin 遠端 Git 檔案庫有對應關係，第二行表示它對應到遠端 Git 檔案庫的 master 分支。

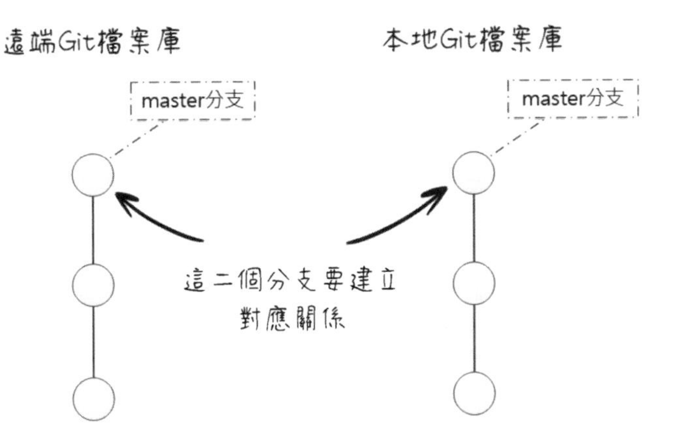

圖 12-4　檔案庫內部的分支也要建立對應關係

現在我們再回到 git push 指令。在預設情況下，它只會把指定的分支上傳到遠端 Git 檔案庫，但是不會記錄分支之間的對應關係。記錄分支對應關係的好處是，我們可以從遠端 Git 檔案庫下載新的 Commit 資料。

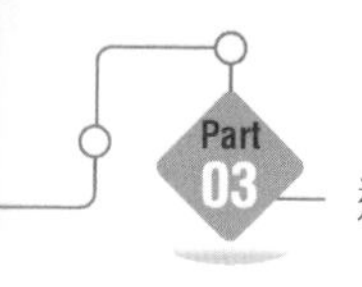

讀者或許會問：為什麼遠端 Git 檔案庫上會有新的 Commit 資料，我們做的修改不是先存入本地 Git 檔案庫，然後再上傳到遠端 Git 檔案庫嗎？是的，沒錯。但是在團隊開發的情況下，其他人也會把他們的修改上傳到遠端 Git 檔案庫，這時候遠端 Git 檔案庫上就會有新的 Commit 資料，所以我們要從遠端 Git 檔案庫下載它們。

為了方便以後從遠端 Git 檔案庫上下載新的 Commit，在第一次執行 git push 指令的時候，可以加入「--set-upstream」選項，它會自動建立分支的對應關係：

```
git push --set-upstream origin 分支名稱
```

「--set-upstream」選項也可以用短選項「-u」替代。

一次上傳全部分支

如果想要把本地 Git 檔案庫的所有分支全部上傳到遠端 Git 檔案庫，可以在執行 git push 指令時加入「--all」選項，也就是：

```
git push --all
```

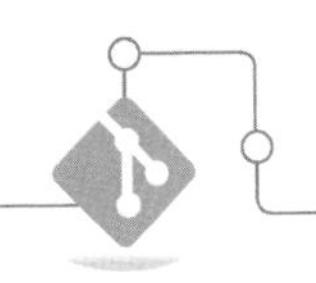

12-2 下載遠端 Git 檔案庫的更新

在開發團隊中，如果有人把新的修改上傳到遠端 Git 檔案庫，這時候我們電腦上的本地 Git 檔案庫，就會缺少這些新上傳的資料。在這種情況下執行 git push 指令會顯示下列錯誤：

```
! [rejected] master -> master (fetch first)
error: failed to push some refs to '遠端 Git 檔案庫網址'
hint: Updates were rejected because the remote contains work that you
do
hint: not have locally. This is usually caused by another repository
pushing
hint: to the same ref. You may want to first integrate the remote changes
hint: (e.g., 'git pull ...') before pushing again.
hint: See the 'Note about fast-forwards' in 'git push --help' for
details.
```

這段文字的意思是說，上傳的資料被拒絕，原因是遠端 Git 檔案庫有新資料沒有被下載到本地 Git 檔案庫。也就是說，在我們修改專案的這段期間，有其他人把新的 Commit 上傳到遠端 Git 檔案庫，於是當我們要上傳新的 Commit 時，出現遠端 Git 檔案庫和本地 Git 檔案庫資料不一致的問題。

這種情況其實就像是單元 7 介紹的分支一樣，我們用圖 12-5 來解釋。圖 12-5 左邊的狀況是，我們修改了本地 Git 檔案庫之後，很幸運地，沒有其他人修改遠端 Git 檔案庫。這時候如果執行 git push 指令，Git 會把本地 Git 檔案庫的新 Commit，上傳到遠端

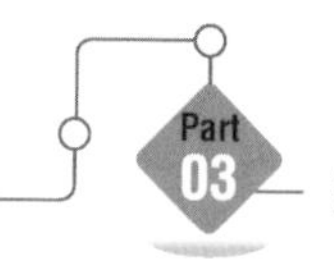

Git 檔案庫，並且做合併。這種情況不會發生衝突，因為它就像是單元 8 介紹的 Fast-Forward Merge 模式，因此不會有任何問題。

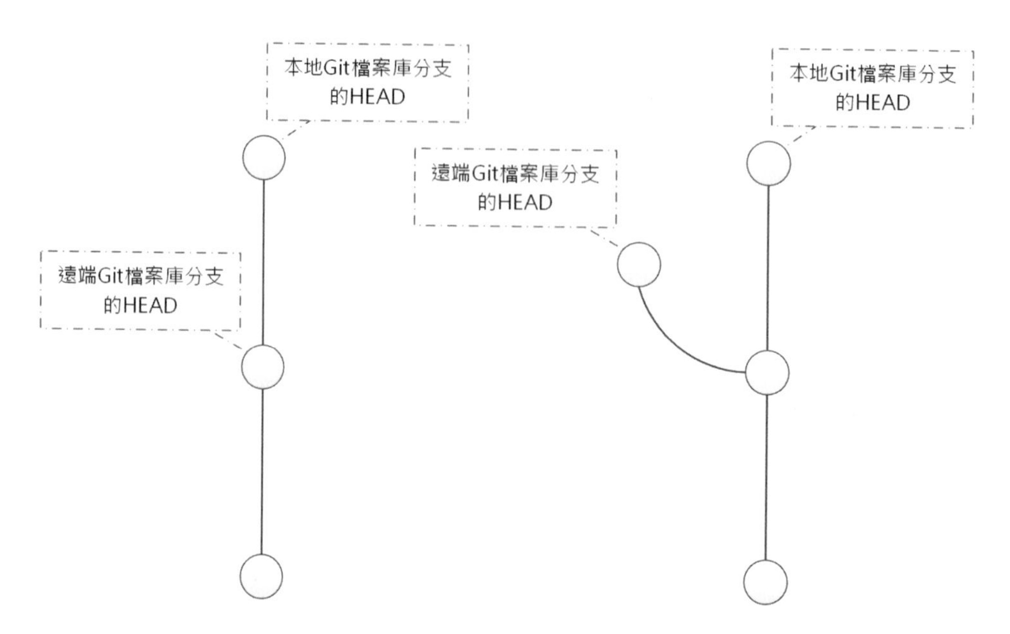

圖 12-5　本地 Git 檔案庫和遠端 Git 檔案庫資料是否一致的情況

圖 12-5 右邊的情況是，在我們修改本地 Git 檔案庫的這段期間，有其他人上傳新的 Commit 到遠端 Git 檔案庫。這種情況就如同單元 8-2 圖 8-9 的狀況，也就是二個分支上都做了修改。這時候如果我們執行 git push 指令，Git 會發現無法用 Fast-Forward Merge 的方式更新遠端 Git 檔案庫，而必須使用 3-Way Merge。這種合併方式就有可能發生衝突，因此 Git 無法幫我們做合併，必須由我們自己處理。解決辦法是先執行以下指令：

```
git pull
```

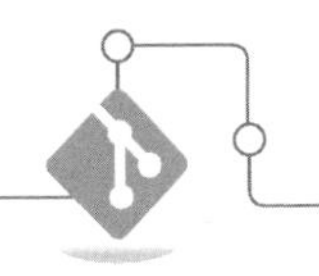

它會做二件事：

1. 從遠端 Git 檔案庫下載新的 Commit。
2. 執行合併。這種合併是 3-Way Merge，所以有可能出現衝突的情況。如果發生衝突，會顯示相關訊息，我們再依照單元 8 介紹的方法來處理。

我們來看一個執行 git pull 指令時發生衝突的例子，以下是它顯示的訊息：

```
remote: Enumerating objects: 5, done.
remote: Counting objects: 100% (5/5), done.
remote: Compressing objects: 100% (1/1), done.
remote: Total 3 (delta 2), reused 3 (delta 2), pack-reused 0
Unpacking objects: 100% (3/3), 312 bytes | 1024 bytes/s, done.
From https://github.com/hibigd99/MyProject
   2316ff9..996e265  master     -> origin/master
Auto-merging program.py
CONFLICT (content): Merge conflict in program.py
Automatic merge failed; fix conflicts and then commit the result.
```

倒數第二行列出發生衝突的檔案。遇到這種情況，可以在 Git Bash 視窗執行 git mergetool 指令，它會啟動我們指定的 Merge Tool（溫馨提示：必須先依照單元 8 的說明完成 Merge Tool 的安裝和設定），然後就可以開始處理衝突的檔案。處理完衝突的檔案之後，回到 Git GUI 程式，按下 Rescan 按鈕，就會看到被修改的檔案都已經放在 Staging Area。接下來就是輸入 Commit 說明，最後按下 Commit 按鈕，就可以完成 git pull 指令的操作。

執行 git pull 指令失敗

如果本地 Git 檔案庫的分支，沒有和遠端 Git 檔案庫的分支建立對應關係，執行 git pull 指令時會出現以下錯誤訊息：

```
...
There is no tracking information for the current branch.
Please specify which branch you want to merge with.
...
    git branch --set-upstream-to=origin/<branch> master
```

它的意思是說這個分支沒有追蹤資訊，也就是前一個小節解釋過，沒有對應分支的情況。訊息最後一行提供一個指令讓我們設定對應的分支，只要把其中的 <branch> 換成遠端 Git 檔案庫上的分支名稱，然後執行這個指令，就可以建立分支的對應關係，接著就可以成功執行 git pull 指令。

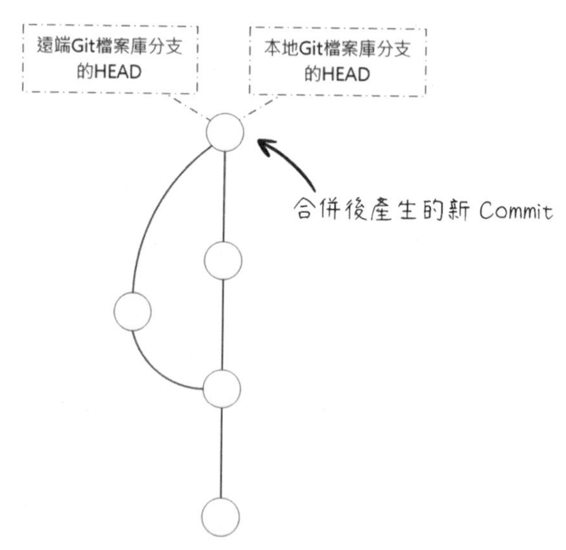

圖 12-6　將圖 12-5 右邊的分支合併後的結果

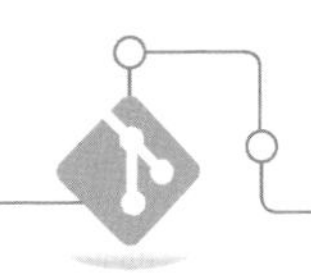

圖 12-6 是執行 git pull 指令之後的合併結果。如果合併後想要反悔，也可以依照單元 8 的做法將它還原。執行 git pull 指令之後，就可以執行 git push 指令，把本地 Git 檔案庫的修改上傳到遠端 Git 檔案庫，遠端 Git 檔案庫上也會有我們執行合併的紀錄。

前面提過 git pull 指令總共做了二件事，這二件事其實可以用二個指令來替代。第一件事是從遠端 Git 檔案庫下載新的 Commit，這項工作其實是 git fetch 指令所做的事。第二件事是把下載的 Commit，合併到目前 HEAD 所在的分支，這其實是 git merge 指令做的事。讀者現在可以回想一下 git merge 和 git rebase 這二個指令的差別（提示：可以參考單元 9 的說明）。這二個指令都是做合併，但是得到的 Commit 演進圖不太一樣。git pull 預設會用 git merge 指令來做合併，但是我們可以加上「--rebase」選項（或是使用短選項「-r」），讓它改用 git rebase 指令來做合併。圖 12-7 是執行下列指令得到的結果，讀者可以比較它和圖 12-6 的差別。

```
git pull --rebase
```

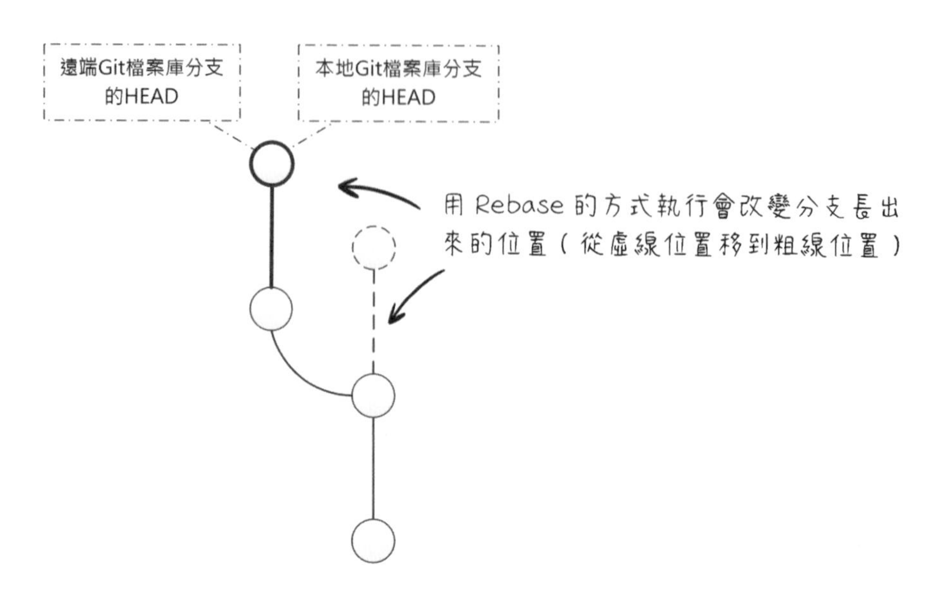

圖 12-7　將圖 12-5 右邊的分支用 Rebase 合併後的結果

其實我們也可以依序執行下列二個指令來得到圖 12-7 的結果：

```
git fetch
git rebase origin/master
```

是否要上傳本地 Git 檔案庫的全部分支

我們不一定要把本地 Git 檔案庫的每一個分支都送到遠端 Git 檔案庫。因為遠端 Git 檔案庫的目的是要讓團隊共用。如果只是自己私底下使用的分支，就不需要上傳到遠端 Git 檔案庫。

遠端 Git 檔案庫的進階用法

在單元 11 我們討論過一種情況，就是專案一開始是由某個人單獨開發，一段時間之後才決定成立開發團隊。這時候，一開始的那個開發人員，必須從他的本地 Git 檔案庫，複製出一個公用的遠端 Git 檔案庫。然後大家才把這個遠端 Git 檔案庫下載到自己的電腦上，開始進行團隊開發。

我們把以上狀況的處理方式，整理成下列步驟：

先建立一個遠端 Git 檔案庫，它的位置可以在區域網路或是網際網路上。但是要注意，這個遠端 Git 檔案庫必須是空的。有些 Git 伺服器網站會自動在遠端 Git 檔案庫上新增一個初始化的 Commit，這個選項記得要先取消。

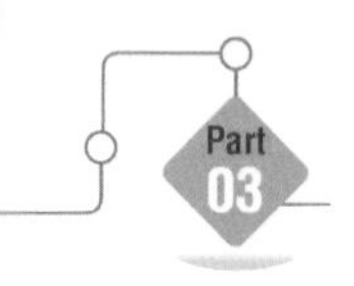

接下來要設定本地 Git 檔案庫和遠端 Git 檔案庫的對應關係。上一個單元的做法是從遠端 Git 檔案庫複製出本地 Git 檔案庫，這樣它們之間就會自動產生對應關係。但是現在的操作順序不一樣，我們是先有本地 Git 檔案庫，然後才建立遠端 Git 檔案庫，所以要手動建立它們之間的對應關係，這項工作必須用到 git remote 指令：

```
git remote add  遠端 Git 檔案庫名稱  遠端 Git 檔案庫網址
```

上面的遠端 Git 檔案庫名稱是我們自己取的，例如前面單元使用的 origin 就是預設的名稱。至於遠端 Git 檔案庫網址可以是 HTTPS 或是 SSH 格式，例如以下是 HTTPS 格式範例：

```
git remote add origin https://github.com/username/MyProject.
git
```

3 STEP 執行完步驟 2 之後，如果 Git GUI 已經開啟，必須將它關閉重新啟動，才會偵測到新加入的遠端 Git 檔案庫。接下來就可以利用前一個單元介紹的方法，把本地 Git 檔案庫的分支上傳到遠端 Git 檔案庫。

關於 GitHub 網站

在遠端 Git 檔案庫網址範例中，我們使用一個 github.com 的 HTTPS 網址，它是建立在 GitHub 網站上。GitHub 網站是目前使用人數最多的 Git 伺服器，後續單元我們會詳細介紹它的用法。

如果仔細思考一下前面步驟 2 用到的 git remote add 指令，我們會發現二件事：

1. 之前的遠端 Git 檔案庫名稱都叫做 origin，但是利用 git remote add 指令，我們可以自己幫遠端 Git 檔案庫命名，不一定要叫做 origin。
2. 既然 git remote add 指令可以設定遠端 Git 檔案庫，那就表示我們可以設定第二個、第三個遠端 Git 檔案庫。

看完以上二點，讀者會不會覺得對遠端 Git 檔案庫有了更深一層的認識？其實 git remote add 指令只是 git remote 指令的其中一種用法。接下來我們要介紹 git remote 指令的一些應用。請讀者參考圖 13-1，假設 origin 是最初設定好的遠端 Git 檔案庫 A，現在我們要建立另一個遠端 Git 檔案庫 B，然後把 master 和 bugfix 這二個分支，上傳到這個新的遠端 Git 檔案庫 B。

圖 13-1 的架構看起來好像有點複雜，因為我們把本地 Git 檔案庫的分支，分別上傳到二個不同的遠端 Git 檔案庫。這個例子可以當成是遠端 Git 檔案庫操作的綜合演練，我們把完整的操作步驟列出說明如下。首先我們假設在本地 Git 檔案庫上已經存在 master、develop 和 bugfix 這三個分支，而且也已經建立好二個空的遠端 Git 檔案庫，其中一個當成 A，另一個當成 B。

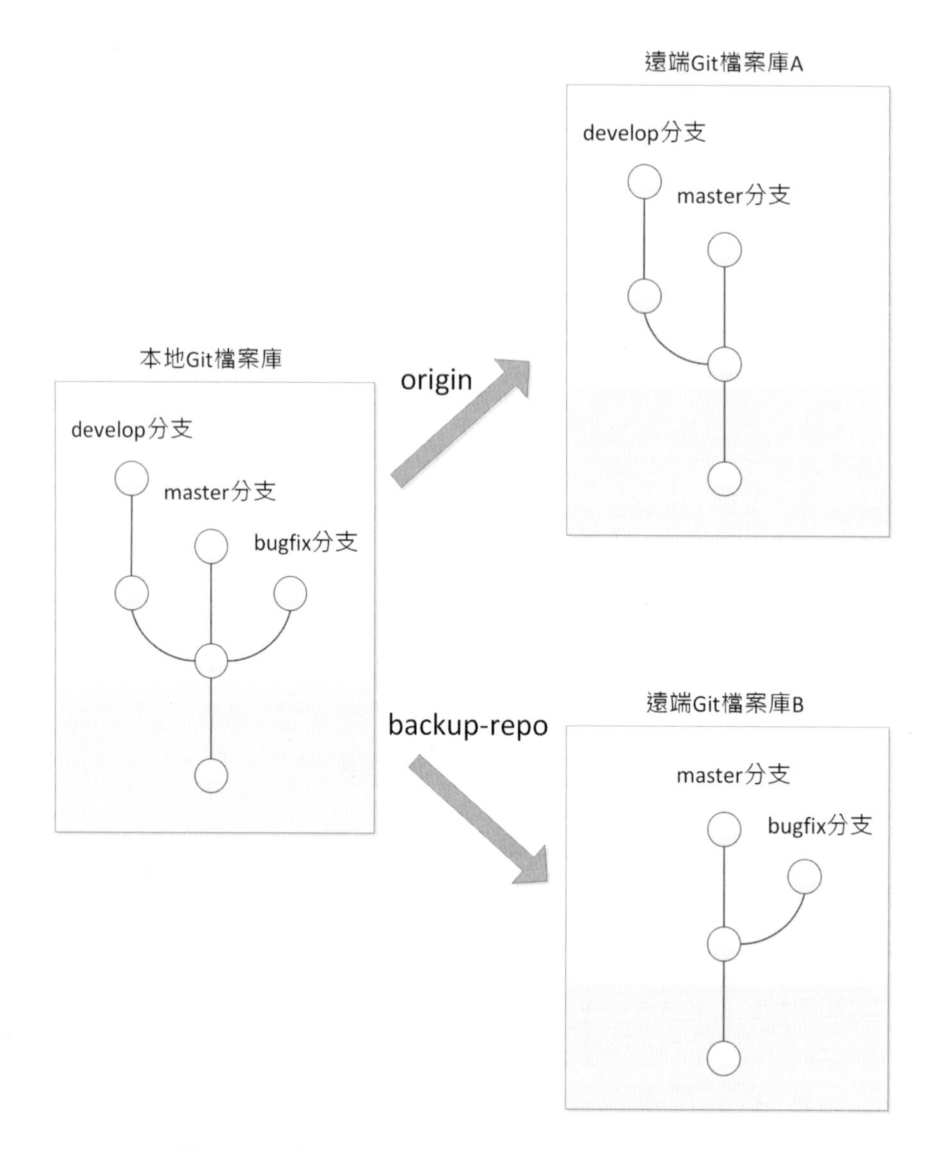

圖 13-1　本地 Git 檔案庫對應到二個遠端 Git 檔案庫

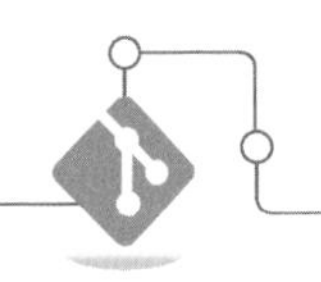

STEP 1 先設定遠端 Git 檔案庫 A 的對應關係，然後把 master 和 develop 分支上傳到遠端 Git 檔案庫 A。這些動作可以利用下列指令達成：

```
git remote add origin https://github.com/username/
MyProjectA.git
git push -u origin master
git push -u origin develop
```

請注意 git push 指令的「-u」選項，它會建立分支的對應關係。執行這個指令之後，會在訊息的最後一行看到：

```
...
branch 'master' set up to track 'origin/master'.
```

它的意思是說，本地 Git 檔案庫的 master 分支會追蹤遠端 Git 檔案庫的 master 分支，也就是這二個分支已經建立對應關係。

STEP 2 接著設定遠端 Git 檔案庫 B，然後把 master 和 bugfix 分支上傳到遠端 Git 檔案庫 B：

```
git remote add backup-repo https://github.com/username/
MyProjectB.git
git push -u backup-repo master
git push -u backup-repo bugfix
```

我們把遠端 Git 檔案庫 B 取名為 backup-repo，然後利用 git push 指令，把 master 和 bugfix 分支上傳到 backup-repo。

完成以上二個步驟之後，用 gitk 程式檢視本地 Git 檔案庫的狀態，會看到如圖 13-2 的結果。其中用 remotes 開頭的分支代表它是遠端 Git 檔案庫上的分支，remotes 後面是遠端 Git 檔案庫的名稱，最後是分支名稱。

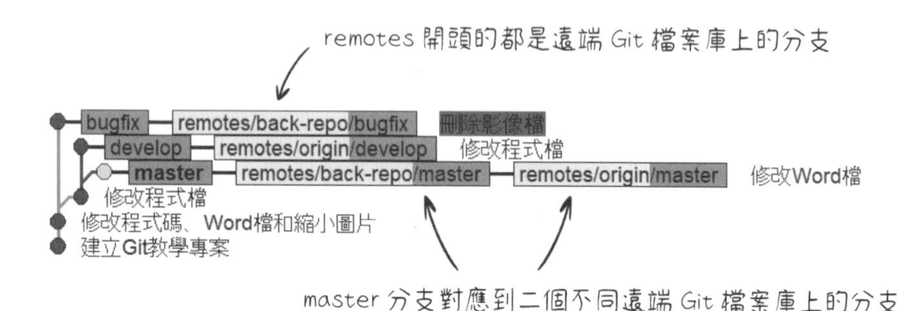

圖 13-2　用 gitk 程式檢視本地 Git 檔案庫的狀態

圖 13-2 中有一個比較特殊的情況，就是本地 Git 檔案庫的 master 分支，現在對應到二個不同遠端 Git 檔案庫上的分支。這樣一來，如果在 master 分支上執行 git pull 指令，究竟會從哪一個遠端 Git 檔案庫的分支下載資料？答案是，我們可以在 git pull 指令後面指定遠端 Git 檔案庫的名稱。例如以下指令表示要從 backup-repo 這個遠端 Git 檔案庫下載資料。

```
git pull backup-repo
```

以上討論是針對 git remote add 指令的功能和用法。可是如果再進一步思考：既然可以設定新的遠端 Git 檔案庫，那可不可以將它移除？答案是可以：

```
git remote rm  遠端Git檔案庫名稱
```

上面的 rm 也可寫成 remove。例如要把圖 13-1 中的 backup-repo 遠端 Git 檔案庫移除，可以執行：

```
git remote rm backup-repo
```

一旦刪除遠端 Git 檔案庫的對應關係之後，所有屬於它的分支的對應關係也會一併消失。例如圖 13-2 在執行以上指令之後，會變成圖 13-3 的結果。如果要再還原回來，必須把前面的步驟 2 重新執行一次。

圖 13-3　把圖 13-2 的 backup-repo 遠端 Git 檔案庫移除後的結果

我們也可以利用以下指令改變遠端 Git 檔案庫的名稱：

```
git remote rename 舊名稱 新名稱
```

改變遠端 Git 檔案庫名稱之後，所有屬於它的分支的對應關係，也會自動更新為新的名稱。除此之外，我們也可以改變遠端 Git 檔案庫的網址：

```
git remote set-url 遠端Git檔案庫名稱 新網址
```

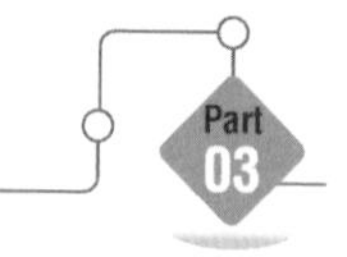

如果要顯示某一個遠端 Git 檔案庫的詳細資料，可以執行下列指令：

```
git remote show 遠端 Git 檔案庫名稱
```

例如用上述指令檢視 origin 遠端 Git 檔案庫會顯示如下結果：

```
* remote origin
  Fetch URL: https://github.com/username/MyProjectA.git
  Push  URL: https://github.com/username/MyProjectA.git
  HEAD branch: master
  Remote branches:
    develop tracked
    master  tracked
  Local branch configured for 'git pull':
    develop merges with remote develop
  Local refs configured for 'git push':
    develop pushes to develop (up to date)
    master  pushes to master  (up to date)
```

如果要顯示遠端 Git 檔案庫相關設定，可以執行下列指令：

```
git remote -v
```

以圖 13-2 來說，執行上述指令會顯示如下結果：

```
backup-repo  https://github.com/username/MyProjectB.git (fetch)
backup-repo  https://github.com/username/MyProjectB.git (push)
origin  https://github.com/username/MyProjectA.git (fetch)
origin  https://github.com/username/MyProjectA.git (push)
```

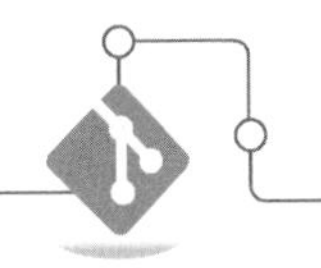

如果要把遠端 Git 檔案庫上的某一個分支刪除，可以執行下列指令：

```
git push 遠端Git檔案庫名稱  --delete  分支名稱
```

以圖 13-2 來說，執行下列指令會得到如圖 13-4 的結果。

```
git push backup-repo --delete bugfix
```

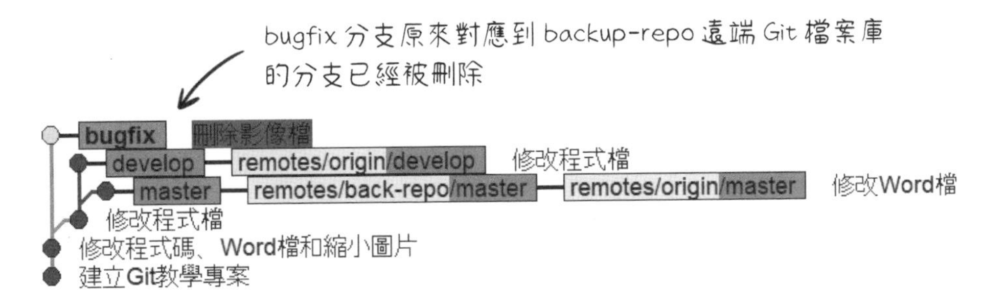

圖 13-4　刪除 backup-repo 遠端 Git 檔案庫上的 bugfix 分支

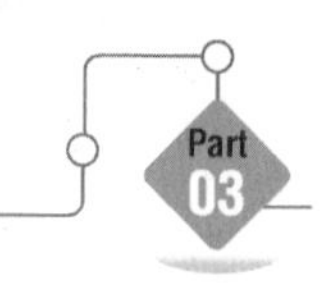

GitHub 網站介紹

GitHub 是一個專門儲存遠端 Git 檔案庫的網站。只要讓電腦上網，就可以隨時隨地透過網路，上傳和下載 GitHub 上的遠端 Git 檔案庫。GitHub 網站有下列二項優點：

1. 支援 HTTPS 和 SSH 二種加密傳輸協定，使用上更安全，也更有彈性。
2. 可以在 Git 檔案庫層級上執行 Fork 和 Pull Request。它的功能類似建立分支和合併，只不過是在 Git 檔案庫的層級上運作。下一個單元我們會詳細介紹它們的用法。

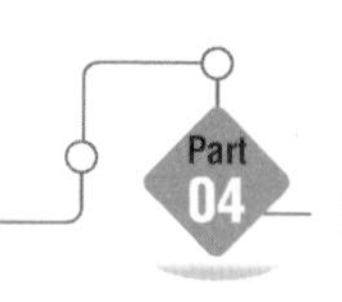

14-1 GitHub 網站註冊及使用 HTTPS 和 SSH 連線

第一次使用，按 Sign up 註冊

已經有帳密，按 Sign in 登入

圖 14-1　GitHub 官網首頁

用 Google 搜尋 GitHub，就可以找到它的官方網站。開啟之後會看到圖 14-1 的畫面。如果已經註冊過，可以點選畫面右上角的 Sign in，就會切換到登入畫面。如果是第一次使用，就按下 Sign up，然後在下一個畫面輸入 Email 信箱、密碼和使用者名稱。輸入過程中，GitHub 會做即時檢查，通過才能夠繼續。最後還會做一個小測驗，確認是真人在操作，然後才會送出 Email 到你的信箱。Email 中有認證碼，將它複製，貼到 GitHub 網頁上的驗證欄位。通過驗證後就完成註冊程序。

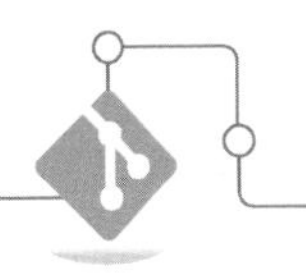

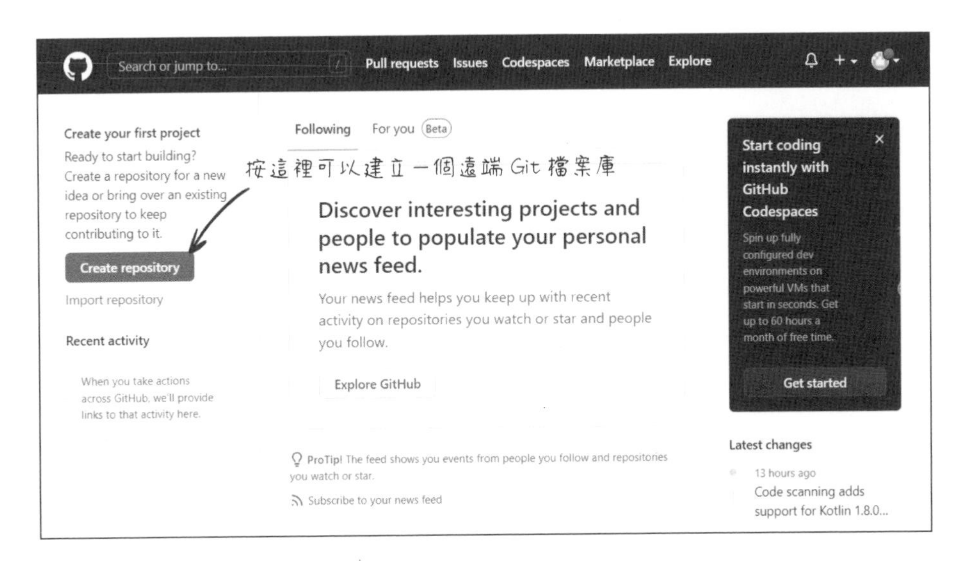

圖 14-2　登入 GitHub 網站後的畫面

登入 GitHub 網站會看到圖 14-2 的畫面。按下左邊的 Create repository 按鈕，就可以建立遠端 Git 檔案庫。前面提到過 GitHub 網站支援 HTTPS 和 SSH 二種傳輸協定，因此在介紹 GitHub 網站的用法之前，我們需要先對 HTTPS 和 SSH 有一些基本認識。

以下是關於 HTTPS 和 SSH 傳輸協定的幾個基本觀念：

1. HTTPS 和 SSH 在傳送資料的過程中都會進行加密，所以是很安全的資料傳輸方式。

2. 如果是用 HTTPS，Git 連線時會要求輸入 GitHub 網站的帳號和密碼。

3. 如果是使用 SSH，必須先依照後面的說明，在電腦上建立一對金鑰（包括公鑰和私鑰），然後把其中的公鑰，設定給 GitHub 網站的帳號。當要上傳資料時，GitHub 網站會先檢查我們使用的電腦有沒有登錄公鑰。如果沒有，就會拒絕。如果有，就會提示輸入公鑰密碼。如果密碼正確，才會開始上傳資料。也就是說，SSH 提供驗證電腦和密碼這二道保護。但是我們也可以不設定金鑰密碼，這樣只要在特定的電腦上操作，就可以直接傳送資料，不需要輸入密碼，操作上更方便。

4. 我們可以隨時切換使用 HTTPS 或是 SSH 傳輸模式，操作上有很大的彈性。

以下是在電腦上建立金鑰，並且把公鑰上傳到 GitHub 網站帳號的步驟：

在電腦上啟動 Git Bash 程式，輸入以下指令：

```
ssh-keygen
```

畫面會提示下列訊息：

```
Generating public/private rsa key pair.
Enter file in which to save the key (/c/Users/你的電腦帳號)/.ssh/
id_rsa): ← 直接按下 Enter
Enter passphrase (empty for no passphrase): ← 輸入密碼，或是直
接按下 Enter
Enter same passphrase again: ← 再次輸入密碼，或是直接按下 Enter
```

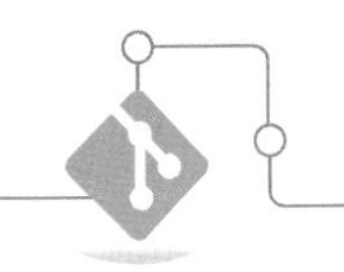

訊息一開始是詢問儲存金鑰檔案的路徑，直接按下 Enter 鍵接受預設路徑即可。接下來輸入二次密碼，或是直接按下鍵盤上的 Enter 鍵。這個密碼是後續要將本地 Git 檔案庫上傳到 GitHub 網站時，需要輸入的密碼。如果直接按下 Enter 鍵，後續操作就不需要驗證密碼。

STEP 2 用檔案總管檢視「C:\使用者\你的電腦帳號\.ssh」資料夾，會在裡頭找到二個檔案。id_rsa 檔是私鑰，id_rsa.pub 檔是公鑰。用文字編輯程式開啟公鑰檔，複製裡頭全部內容。

STEP 3 開啟網頁瀏覽器，登入 GitHub 網站，然後在圖 14-3 右上角，點選最右邊的小圖示，再從選單中點選 Settings。

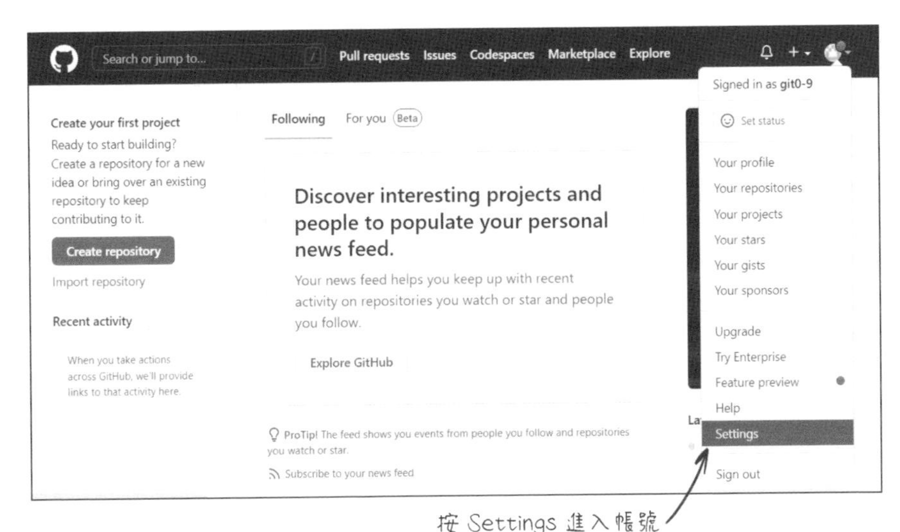

圖 14-3　進入設定畫面

4 STEP 參考圖 14-4，在畫面左邊選擇 SSH and GPG keys，然後按下右上角的 New SSH key 按鈕。

5 STEP 參考圖 14-5，輸入公鑰名稱，貼上步驟 2 複製的公鑰內容，最後按下 Add SSH key 按鈕。

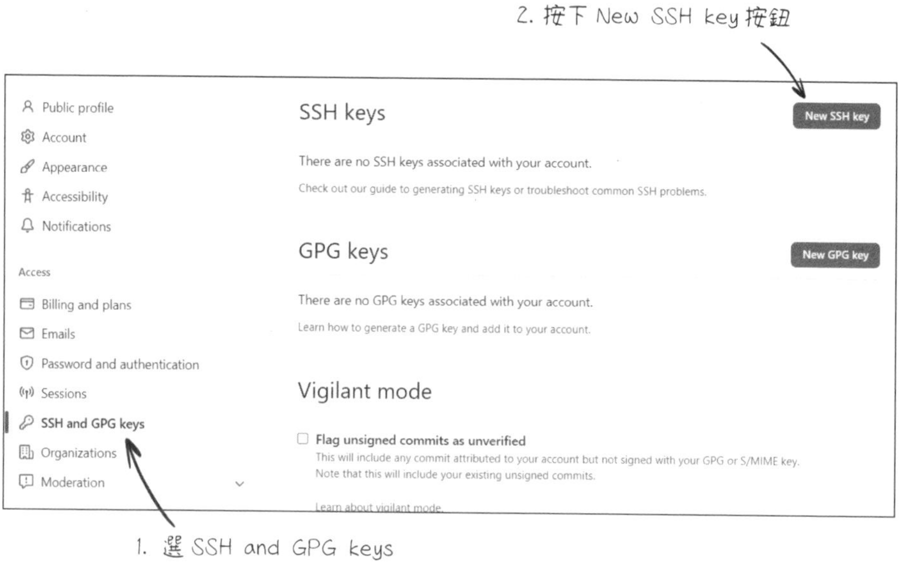

圖 14-4　進入新增 SSH key 畫面

1. 幫這個 Key 取一個名字

Public profile
Account
Appearance
Accessibility
Notifications
Access
Billing and plans
Emails
Password and authentication
Sessions
SSH and GPG keys
Organizations
Moderation
Code, planning, and automation

SSH keys / Add new
Title
Key type
Authentication Key
Key
Begins with 'ssh-rsa', 'ecdsa-sha2-nistp256', 'ecdsa-sha2-nistp384', 'ecdsa-sha2-nistp521', 'ssh-ed25519', 'sk-ecdsa-sha2-nistp256@openssh.com', or 'sk-ssh-ed25519@openssh.com'

2. 這裡貼上剛剛複製的公鑰內容

3. 按下這個按鈕

Add SSH key

圖 14-5　設定 SSH key 的名稱和內容

這裡要特別提醒，即使是在同一台電腦上，不同使用者帳號的 SSH Key 也是互相獨立的。換句話說，帳號 A 建立的金鑰不能夠讓帳號 B 使用，帳號 B 必須建立並上傳自己的金鑰。要新增其他人的 SSH Key，只要依照上面介紹的步驟重新操作一次即可。

14-2 在 GitHub 上建立遠端 Git 檔案庫

要讓我們電腦上的本地 Git 檔案庫，和 GitHub 網站上的遠端 Git 檔案庫連線，可以分成下列二種情況來討論：

1. 先在 GitHub 網站上建立一個遠端 Git 檔案庫，再將它下載到我們的電腦上，成為本地 Git 檔案庫。

2. 先在我們的電腦上建立本地 Git 檔案庫，然後在 GitHub 網站上建立遠端 Git 檔案庫，再把資料上傳到 GitHub，並且設定二者之間的對應關係。

我們先介紹第一種情況的操作步驟：

1 STEP 開啟網頁瀏覽器，登入 GitHub 網站後會顯示圖 14-2 的畫面，點選左邊的 Create repository 按鈕。

2 STEP 瀏覽器會顯示圖 14-6 的畫面。在 Repository name 欄位輸入專案名稱，然後設定這個專案是否要在網路上公開。預設是 Public，也就是其他人也會看到這個專案。如果不想讓這個專案被其他人看到，就把它改成 Private。另外還要勾選 Add a README file，這樣建立的 Git 檔案庫會自動產生一個 Commit，否則 Git 檔案庫會是空的，無法下載。最後按下畫面最底下的 Create repository 按鈕。

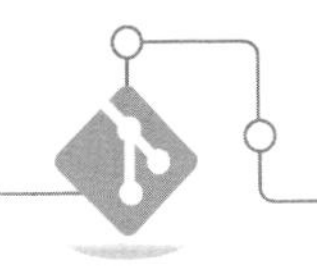

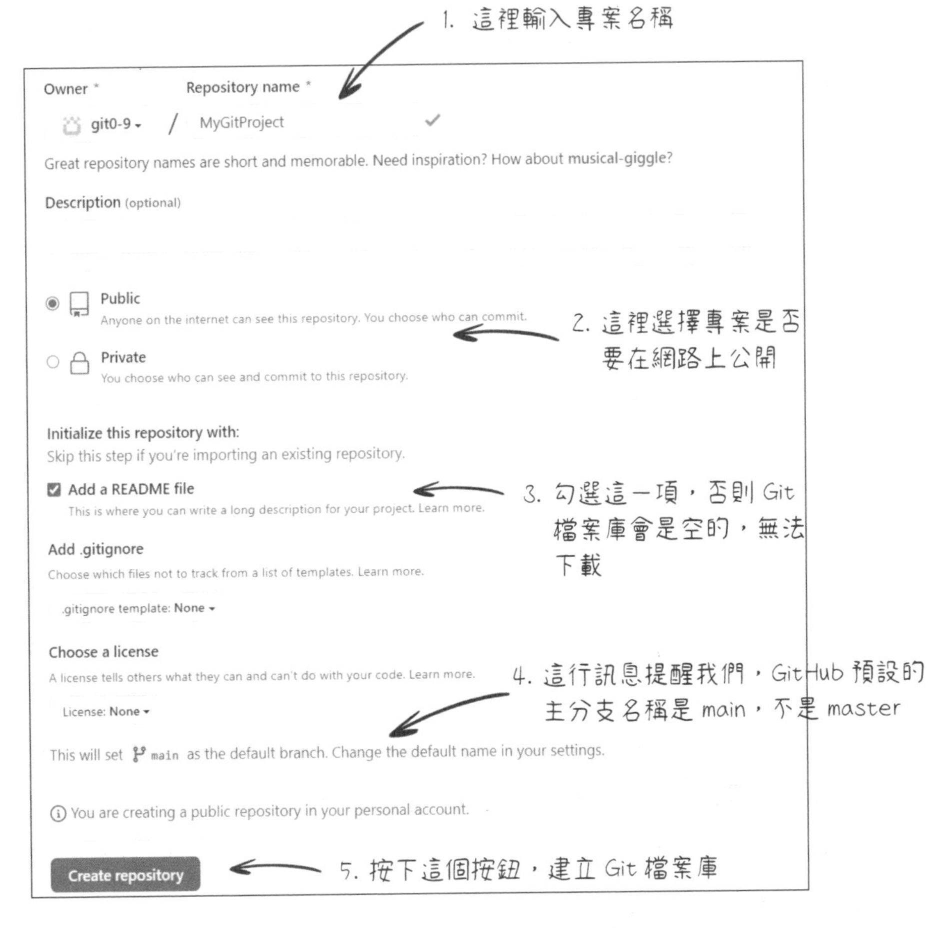

圖 14-6　在 GitHub 上建立 Git 檔案庫

STEP 3 接下來會看到圖 14-7 的畫面，最上面會顯示這個遠端 Git 檔案庫的網址，點選前面的 HTTPS 和 SSH 按鈕會改變網址格式。如果我們有依照前一個小節的說明，把 SSH 公鑰上傳到 GitHub 網站，就可以選擇 SSH 模式，否則只能使用

HTTPS 模式。Git 檔案庫網址最右邊有一個複製按鈕，按下它就會複製 Git 檔案庫的網址。

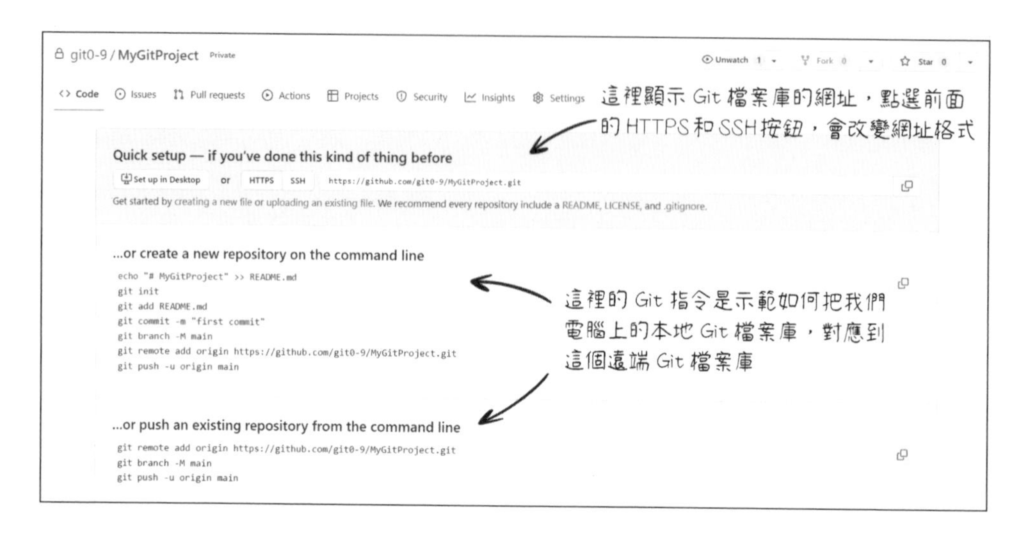

圖 14-7　建立 Git 檔案庫之後的畫面

圖 14-7 畫面下方有 Git 指令範例，教我們如何把電腦上的 Git 檔案庫，對應到這個遠端 Git 檔案庫。這些指令我們已經在前面的單元作過介紹，讀者也可以參考本書附錄的 Git 指令使用說明。在網頁左上角有一個小貓圖示，點選它會回到帳號首頁。在首頁畫面左邊會顯示已經建立的 Git 檔案庫，如圖 14-8。

圖 14-8　在登入帳號首頁顯示已經建立的 Git 檔案庫

5 STEP 接下來要從 GitHub 網站下載 Git 檔案庫到我們的電腦上。首先啟動 Git GUI 程式，選擇 Clone Existing Repository，就會看到圖 14-9 的畫面。先在第一個欄位貼上步驟 3 複製的 Git 檔案庫網址（提示：利用快速鍵 Ctrl+V）。第二個欄位是設定本地 Git 檔案庫的路徑，我們可以按下右邊的 Browse 按鈕來做選擇。但是要注意，選好路徑之後，必須在該路徑最後再加一個新資料夾名稱。因為要儲存本地 Git 檔案庫的資料夾，必須是一個新的資料夾。最後按下右下角的 Clone 按鈕，就會開始下載。

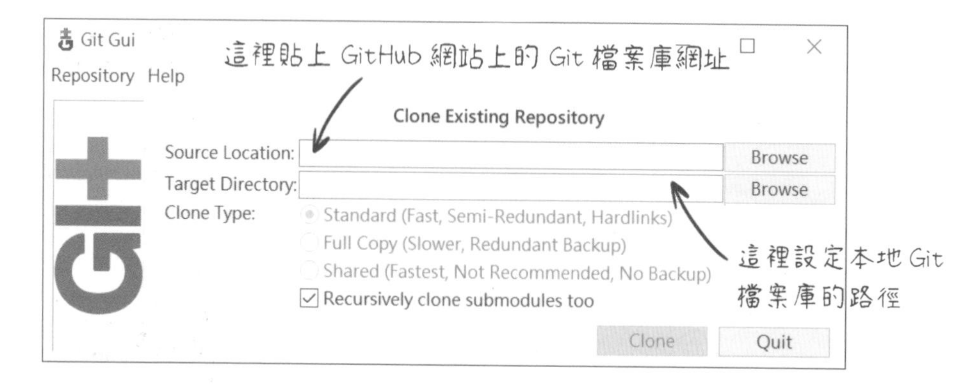

圖 14-9 用 Git GUI 程式下載 GitHub 網站上的遠端 Git 檔案庫

STEP 6 接下來會依照 HTTPS 和 SSH，出現不同的訊息。如果在上一個步驟是用 HTTPS 格式的網址，就會顯示如圖 14-10 的對話盒，讓我們選擇密碼驗證方式，請點選 Sign in with your browser。如果我們已經在瀏覽器中登入 GitHub 網站，就不需要再做認證，Git 檔案庫會直接下載到我們的電腦。如果目前沒有登入 GitHub 網站，就會出現一個登入畫面，讓我們輸入帳密，然後才會開始下載 Git 檔案庫。下載完畢，就會出現我們熟悉的 Git GUI 程式操作畫面。

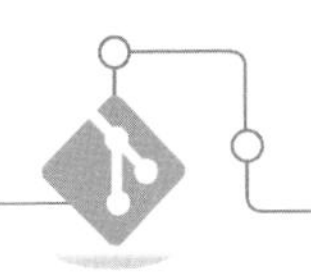

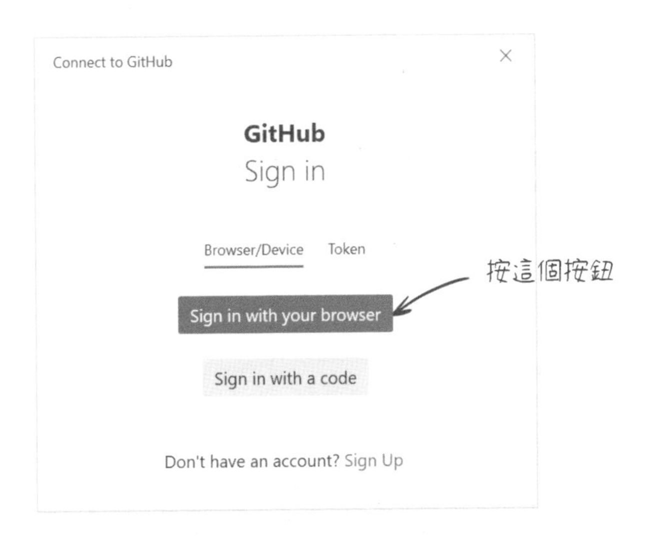

圖 14-10　選擇密碼驗證方式

STEP 7 如果在步驟 5 是用 SSH 格式的網址，就會出現圖 14-11 的對話盒，它問我們是否要連線，請輸入 yes，然後按下 OK 按鈕。如果 SSH Key 設定正確，就會開始下載 Git 檔案庫。

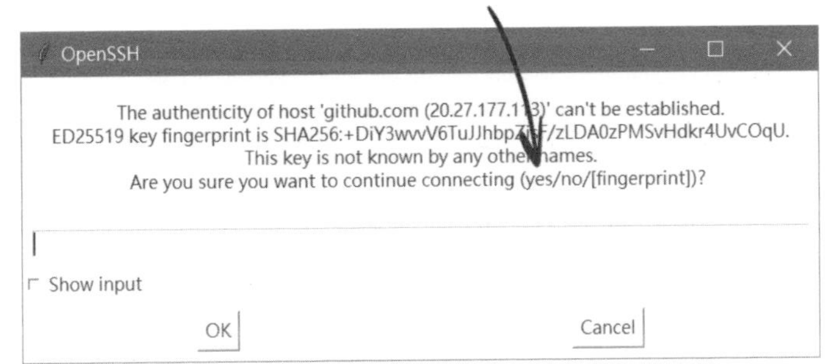

圖 14-11　用 SSH 連線顯示確認對話盒

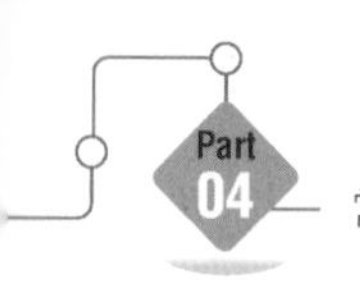

無論是用 HTTPS 還是 SSH 連線，下載 GitHub 網站上的遠端 Git 檔案庫之後，就可以用我們之前學過的方式來操作。

Windows 會記住 GitHub 網站帳密

如果用 GitHub 網站儲存遠端 Git 檔案庫，並且使用 HTTPS 連線，那麼第一次連線後，Windows 會記住 GitHub 網站帳密，下次用 Git 連線就不需要再做認證。可是如果我們有多個 GitHub 網站帳號，這個被記下來的帳密就會造成其他帳號無法使用。解決辦法就是將它刪除，它的位置是在「控制台 > 認證管理員」裡頭的 Windows 認證，找出其中的 GitHub 網址那一項，將它移除，下次用 Git 連線時，就會要求重新輸入帳密。

前面討論的情況是，先在 GitHub 網站上建立遠端 Git 檔案庫，再把它下載到自己的電腦上。接下來要介紹的情況是，先在我們的電腦上建立本地 Git 檔案庫，然後把它上傳到 GitHub 網站上的遠端 Git 檔案庫，並且建立二者的對應關係。首先還是要在 GitHub 網站上新增一個 Git 檔案庫，但是要注意，在圖 14-6 的畫面中，不要勾選 Add a README file，因為我們要讓這個檔案庫是空的。

在 GitHub 網站上建立 Git 檔案庫之後，會顯示圖 14-7 的畫面，在 Git 指令範例中有下列二行指令：

```
git remote add origin HTTPS 或是 SSH 格式的網址
git push -u origin main
```

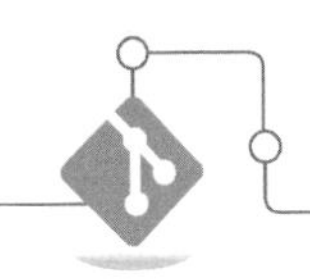

第一行指令已經在上一個單元介紹過，它是把 GitHub 網站上的遠端 Git 檔案庫取名為 origin。第二行指令其實也在單元 12 介紹過，它是把 main 分支上傳到 origin 這個遠端 Git 檔案庫，並且建立分支之間的對應關係。這裡要注意，GitHub 主要分支名稱是用 main，而不是 master，所以在執行第二行指令的時候，必須把 main 改成 master。

解釋完 GitHub 網站上的指令範例之後，現在讓我們開始動手操作。首先啟動 Git GUI，開啟要上傳到 GitHub 的程式專案，然後選擇 Git GUI 主選單 Repository > Git Bash，等 Git Bash 視窗啟動完成，再依序執行上面二行指令，但是要記得把第二行指令最後的 main 改成 master，這樣就可以把本地遠端 Git 檔案庫的 master 分支上傳到 GitHub 的遠端 Git 檔案庫，並且建立它們之間的對應關係。

執行 git remote add 指令後需要重新啟動 Git GUI

新增遠端 Git 檔案庫之後，必須重新啟動 Git GUI 程式，才會更新設定。

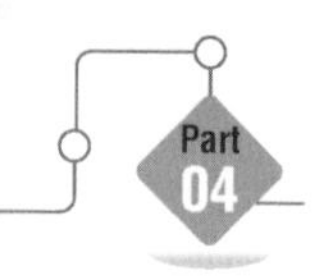

Fork 和 Pull Request

從字面上的意義來看，Fork 和 Branch 很相似。Fork 是分叉的意思，Branch 則是我們已經學過的分支，兩者都是一分為二的概念。其實我們可以用簡單的二句話點出它們之間的差異：Branch 操作的對象是程式專案；Fork 操作的對象是整個 Git 檔案庫。也就是說，Fork 是讓 Git 檔案庫分出另一個複本。我們可以用圖 15-1 來展現 Branch 和 Fork 的差異。

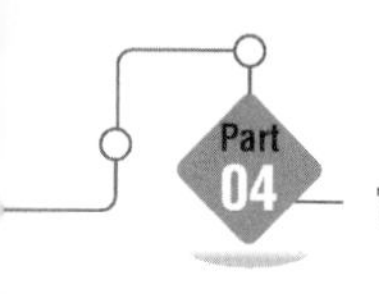

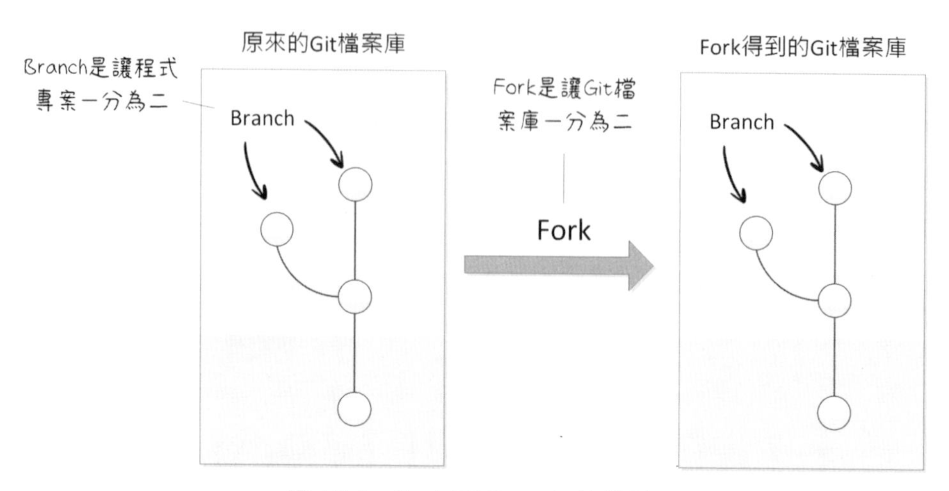

圖 15-1　Fork 和 Branch 的差異

以上是解釋 Branch 和 Fork 的差別。可是從另一個角度看，Fork 似乎很像單元 11 學過的 Clone，它的功能也是複製 Git 檔案庫，那麼 Clone 和 Fork 又有何不同？簡單來說，Clone 複製出來的 Git 檔案庫，會和原來的 Git 檔案庫保持對應關係，因此我們可以把 Git 檔案庫的更新，利用 Push 指令，回傳給原來的 Git 檔案庫。可是 Fork 出來的 Git 檔案庫，和原來的 Git 檔案庫是互相獨立的，我們無法用 Push 指令回傳更新給原來的 Git 檔案庫，必須改用 Pull Request，它會送出更新請求給原來的 Git 檔案庫，再由該檔案庫的管理者決定是否接受更新。

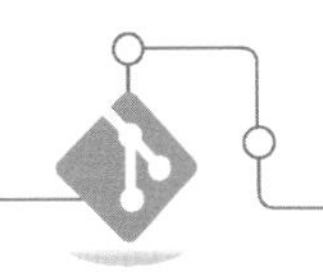

15-1 Fork 之後的 Rebase 和 Pull Request

把一個 Git 檔案庫 Fork 出來之後，我們就可以在這個新的 Git 檔案庫上面做任何修改。如果我們希望做出和原來不一樣的程式專案，那麼這二個 Git 檔案庫從此分道揚鑣，井水不犯河水，大家朝著不同的方向前進。但是如果我們只是希望對程式專案做一些改進，或是加入新功能，那麼這個 Fork 出來的 Git 檔案庫，將來必須和原來的 Git 檔案庫合併，這樣就可以把修改的部分帶回去給原來的 Git 檔案庫。圖 15-2 就是說明這樣的情況。

在圖 15-2 中，最上面的第一步是先 Fork 出一個新的 Git 檔案庫，然後就可以在這個新的 Git 檔案庫上做修改、執行 Commit、建立分支、合併…等各種操作。在同一段時間，原來的 Git 檔案庫也會持續做修改。我們可以在任何時間點，把原來 Git 檔案庫上的修改，套用到 Fork 得到的 Git 檔案庫。這個動作就像是分支的 Rebase 一樣，只不過它是發生在 Git 檔案庫的層級。至於這個 Rebase 要如何執行，我們會在下一個小節的實作中做說明。

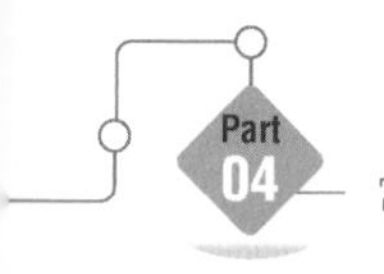

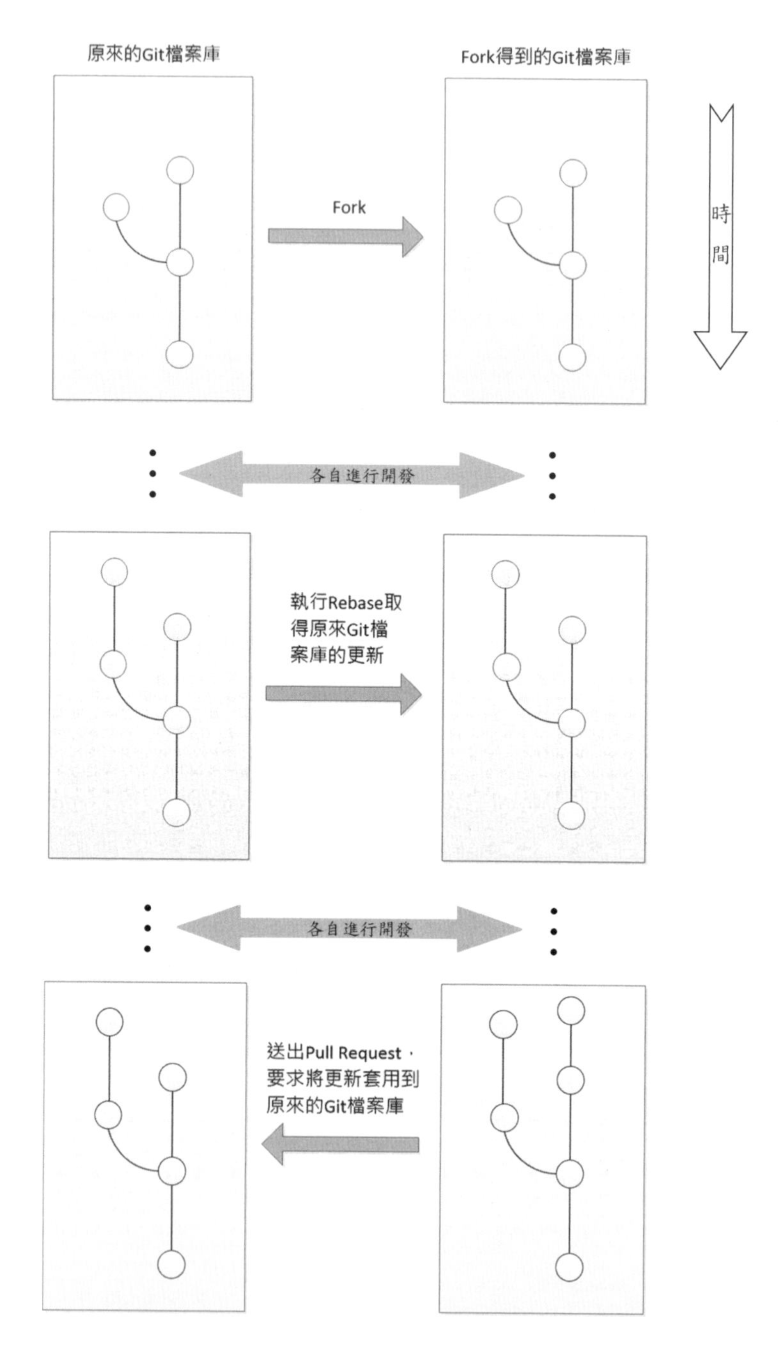

圖 15-2　Fork 之後的 Rebase 和 Pull Request

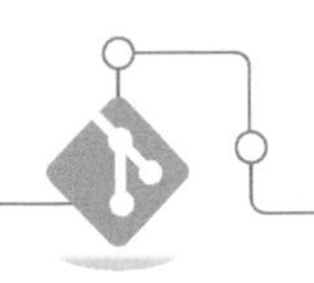

當 Fork 得到的 Git 檔案庫上的修改完成之後，可以發送一個 Pull Request，給原來的 Git 檔案庫。原來的 Git 檔案庫的管理者收到 Pull Request 之後，可以檢視修改的部分，再決定是否要接受它。如果決定要接受，可以把 Fork 的檔案庫合併到原來的 Git 檔案庫。這個過程和分支的合併類似，只不過它是發生在 Git 檔案庫層級。

以上是解釋 Fork、Rebase 和 Pull Request 的概念，接下來我們要在 GitHub 網站上做實地演練，親身體驗 Fork 的操作流程。

15-2 GitHub 網站的 Fork 和 Rebase 演練

因為 Fork 的用法是從一個 GitHub 帳號，複製另一個 GitHub 帳號的專案。如果我們要演練 Fork 的流程，必須在 GitHub 網站註冊二個帳號。這項工作並不難，只要花點時間，就可以在 GitHub 網站新增另一個帳號。不過還有一個小問題，就是我們無法在同一個網頁瀏覽器上，登入二個不同的 GitHub 帳號。但是其實這個問題也不難解決，只要開啟二個不同的網頁瀏覽器，再分別登入不同的 GitHub 帳號即可，例如我們可以同時使用 Google Chrome 和 Microsoft Edge。

現在我們可以用上一個單元介紹的方法，在第一個 GitHub 帳號中建立一個 Git 檔案庫。這裡有一點要注意，這個 Git 檔案庫必須設定為 Public，這樣才能夠讓另一個 GitHub 帳號 Fork 這個

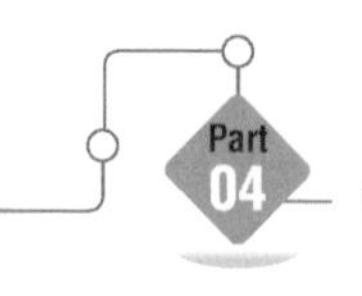

Git 檔案庫。假設圖 15-3 是第一個 GitHub 帳號的 Git 檔案庫的狀態，它裡頭有三個 Commit。現在要在第二個 GitHub 帳號上 Fork 這個 Git 檔案庫，然後作一些修改，再送出 Pull Request 給第一個 GitHub 帳號。以下是整個流程的操作步驟。我們假設已經在網頁瀏覽器上，用第一個 GitHub 帳號登入 GitHub。

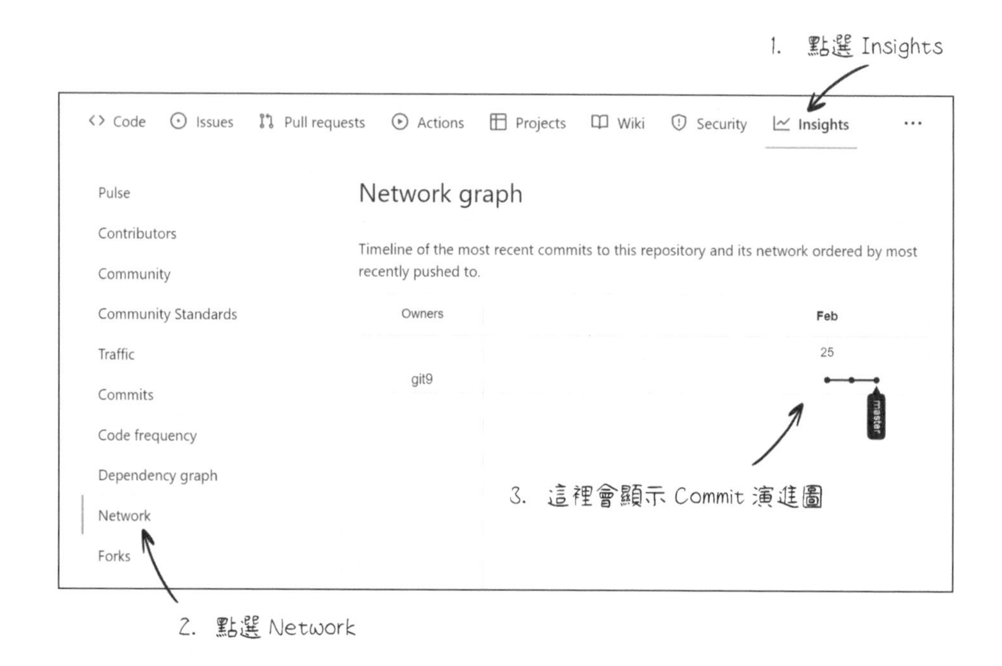

圖 15-3　檢視 GitHub 網站專案的 Commit 演進圖

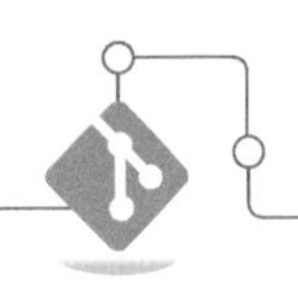

GitHub 網站上免費的 Private Git 檔案庫無法檢視 Commit 演進圖

GitHub 網站有免費和付費二種帳號。雖然付費帳號提供比較完整的功能，但是就一般情況來說，免費帳號就能夠符合我們的需求。不過這裡要提醒一下，免費帳號有一個限制，就是對於 Private 的 Git 檔案庫不會顯示 Commit 演進圖。也就是說，只有 Public 的 Git 檔案庫，才會顯示 Commit 演進圖。但是其實這不會造成任何問題，因為只要把 Git 檔案庫 Clone 到我們的電腦上，就可以用 gitk 程式檢視它。

開啟另一個網頁瀏覽器，登入第二個 GitHub 帳號，然後切換到原來的網頁瀏覽器，複製 Git 檔案庫的網址，再切換到另一個網頁瀏覽器，貼上複製的網址，按下 Enter 鍵，就會看到該 Git 檔案庫的內容，如圖 15-4。但是這個畫面是我們用第二個 GitHub 帳號的身分，去看第一個帳號建立的 Git 檔案庫。也就是說，我們不是這個 Git 檔案庫的擁有者。

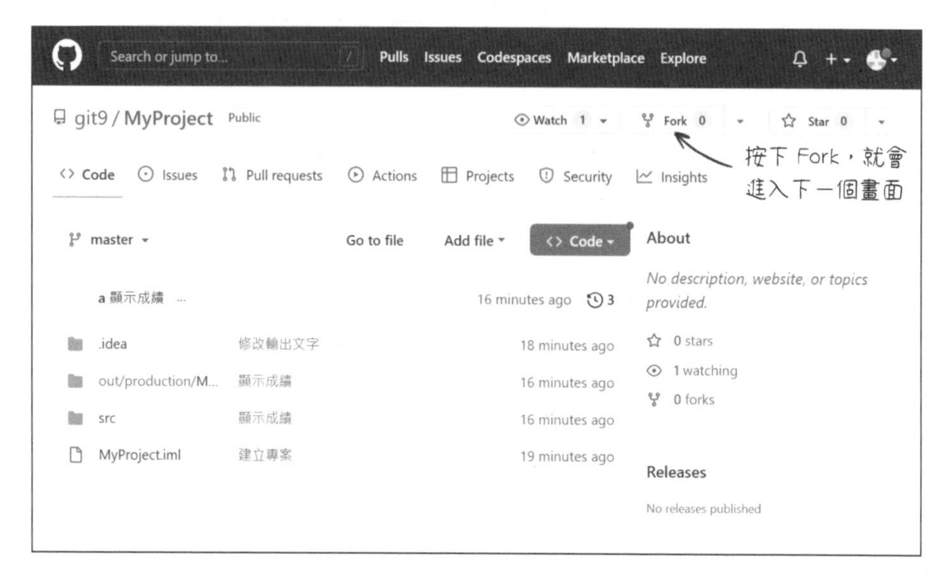

圖 15-4　登入 GitHub 網站檢視別人建立的 Git 檔案庫

STEP 2 在圖 15-4 右上角有一個 Fork 按鈕，按下它就會進入 Fork 設定畫面，如圖 15-5。它可以讓我們修改 Git 檔案庫名稱，以及選擇是否要複製 master 以外的分支。設定好之後，按下最下面的 Create fork 按鈕。

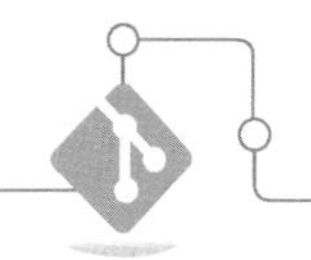

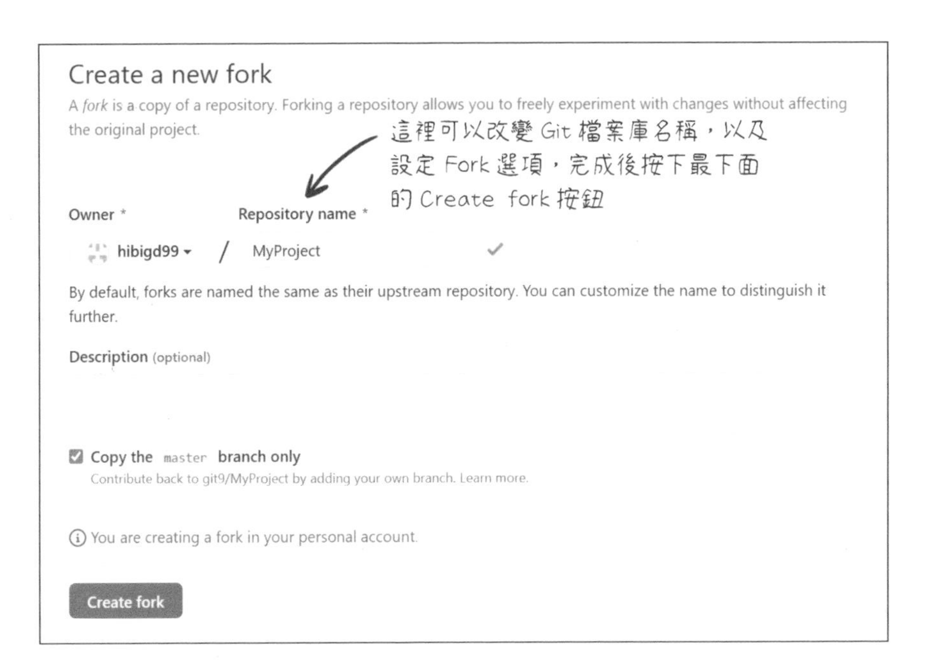

Create a new fork
A fork is a copy of a repository. Forking a repository allows you to freely experiment with changes without affecting the original project.
這裡可以改變 Git 檔案庫名稱，以及設定 Fork 選項，完成後按下最下面的 Create fork 按鈕
Owner *
Repository name *
hibigd99
/
MyProject
By default, forks are named the same as their upstream repository. You can customize the name to distinguish it further.
Description (optional)
Copy the master branch only
Contribute back to git9/MyProject by adding your own branch. Learn more.
You are creating a fork in your personal account.
Create fork

圖 15-5　Fork 設定畫面

STEP 3 現在這個 GitHub 帳號已經有一個 Fork 出來的 Git 檔案庫。這個 Fork 得到的 Git 檔案庫就像我們自己建立的一樣，我們可以把它 Clone 到電腦上，然後對它做修改，執行 Commit，也可以建立新分支。

STEP 4 原來的 Git 檔案庫和 Fork 得到的 Git 檔案庫是互相獨立的，它們可以同時被修改。如果我們希望取得原來 Git 檔案庫上的更新，並且把它套用到 Fork 得到的 Git 檔案庫上，這個動作可以利用 Git 指令達成。首先必須設定 Fork 得到的 Git 檔案庫，讓它知道原來 Git 檔案庫的網址。我們可以在 Git Bash 視窗執行下列指令：

```
git remote add upstream  原來Git檔案庫的網址
```

5 STEP 接下來用 git fetch 指令，從上一個步驟指定的 Git 檔案庫網址，取得新資料：

```
git fetch upstream
```

6 STEP 現在用 gitk 程式檢視 Git 檔案庫，會發現多出一個 remotes/upstream/master 分支（參考圖 15-6），這個分支就是從原來的 Git 檔案庫取得的新資料。

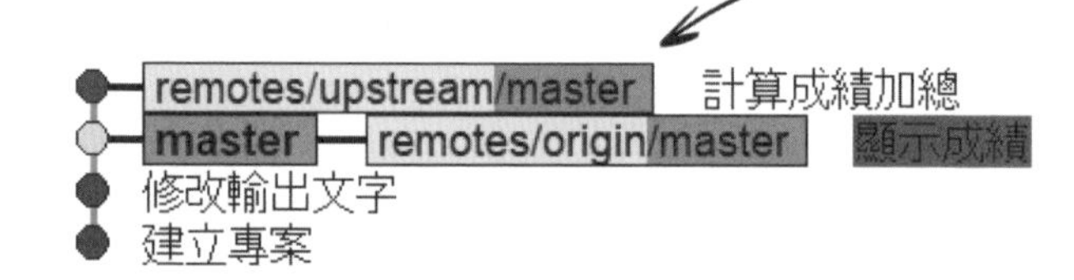

圖 15-6　從原來的 Git 檔案庫取得更新

7 STEP 我們可以檢視這個新分支的內容，再決定要不要將它合併到我們的分支。如果決定要合併，可以利用單元 8 介紹的方法，或是利用單元 9 介紹的 Rebase。假設我們決定要用單元 8 的方式做合併，可以執行以下指令：

```
git checkout master
git merge upstream/master
```

如果決定要用 Rebase 的方式，則執行以下指令：

```
git checkout master
git rebase upstream/master
```

不管是用合併或是 Rebase，都有可能出現衝突的情況，解決方式就如同單元 8 的說明。

如果後續要再從原來的 Git 檔案庫取得新資料，只要重新執行步驟 5 到步驟 7 即可。以上就是用 Fork 這項功能，複製別人的 Git 檔案庫，和從該檔案庫取得新資料的操作流程。接下來要介紹如何把我們修改的結果，送回去給原來的 Git 檔案庫。

15-3 GitHub 網站的 Pull Request 演練

如果要把 Fork 出來的 Git 檔案庫中的修改，送回去給原來的 Git 檔案庫，必須利用 Pull Request 功能。現在我們接續上一個小節的操作，假設在 Fork 出來的 Git 檔案庫中加了一個新的 Commit，如圖 15-7。下列步驟是通知原來的 Git 檔案庫接收更新。

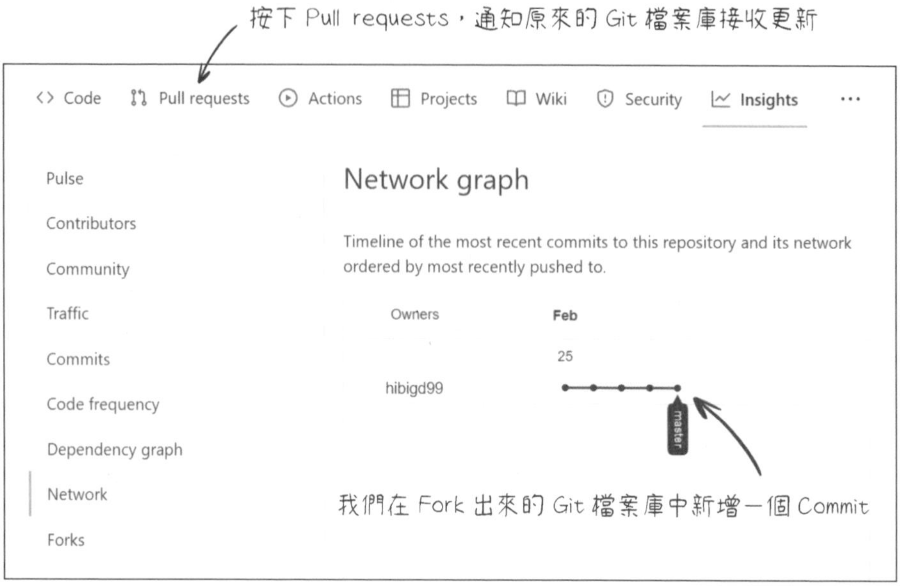

按下 Pull requests，通知原來的 Git 檔案庫接收更新

<> Code | Pull requests | Actions | Projects | Wiki | Security | Insights | ···

Pulse
Contributors
Community
Traffic
Commits
Code frequency
Dependency graph
Network
Forks

Network graph

Timeline of the most recent commits to this repository and its network ordered by most recently pushed to.

Owners | Feb
25
hibigd99
master

我們在 Fork 出來的 Git 檔案庫中新增一個 Commit

圖 15-7　在 Fork 出來的 Git 檔案庫新增一個 Commit

STEP 1 在 Fork 出來的 Git 檔案庫的畫面左上方有一項叫做 Pull requests（參考圖 15-7），點選它。

STEP 2 在下一個畫面有一個 New pull request 按鈕，按下它。

STEP 3 接下來的畫面會顯示原來的 Git 檔案庫和 Fork 出來的 Git 檔案庫的資訊，如圖 15-8，按下 Create pull request 按鈕就可以開始設定 Pull Request。

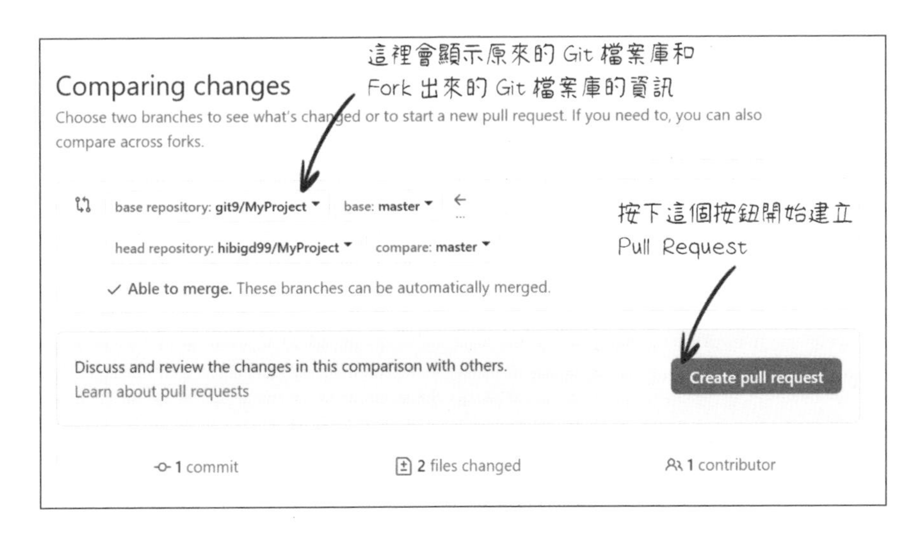

圖 15-8　準備建立 Pull Request 的畫面

4 STEP 在圖 15-9 的畫面輸入 Pull Request 的標題和說明，然後按下 Create pull request 按鈕。

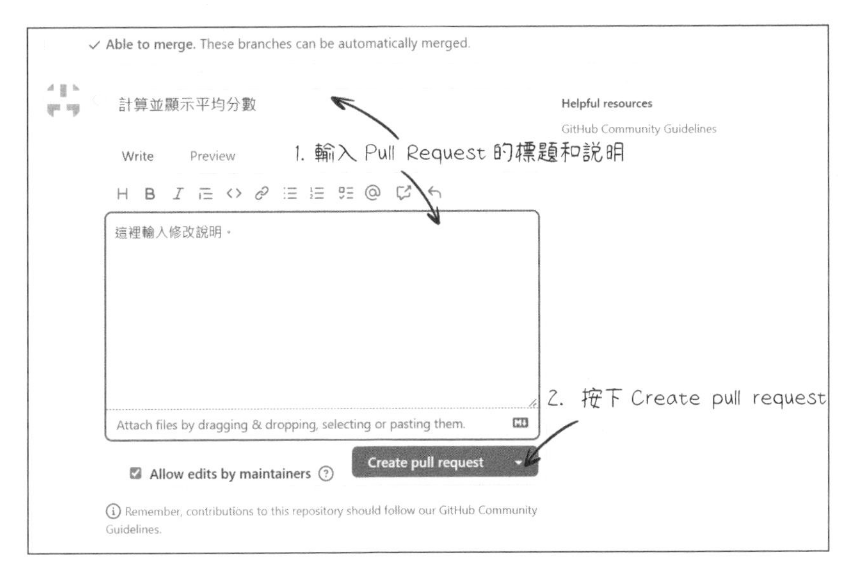

圖 15-9　輸入 Pull Request 的標題和說明然後將它送出

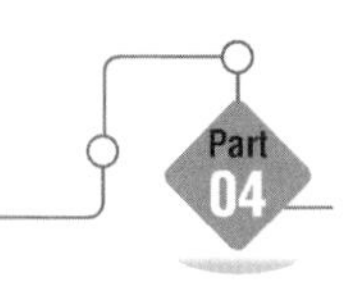

5 STEP 切換到原來的 Git 檔案庫的網頁畫面，按下畫面上方的 Pull requests，就會看到 Pull Request 清單，如圖 15-10。

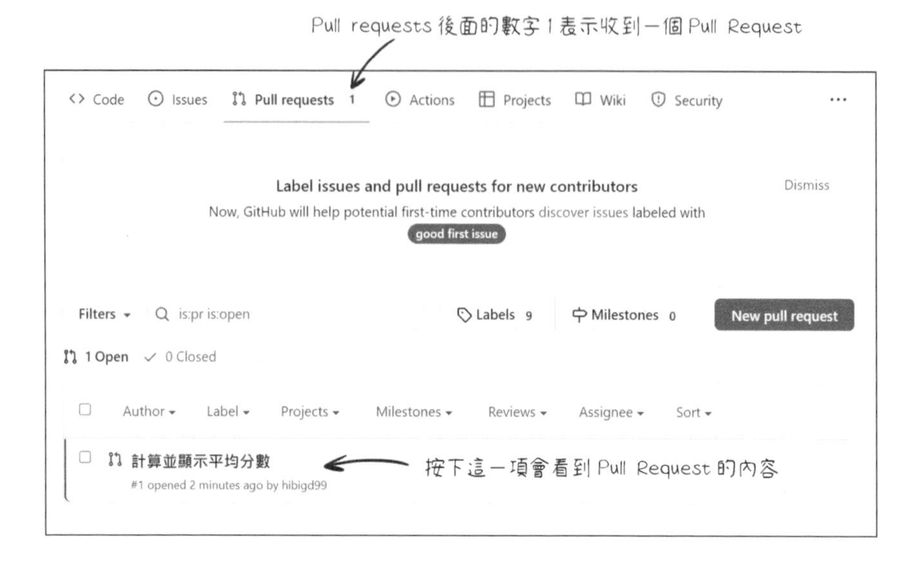

圖 15-10　在原來的 Git 檔案庫網頁畫面檢視 Pull Request

6 STEP 點選圖 15-10 畫面中的 Pull Request 項目，就會顯示它的內容，如圖 15-11。

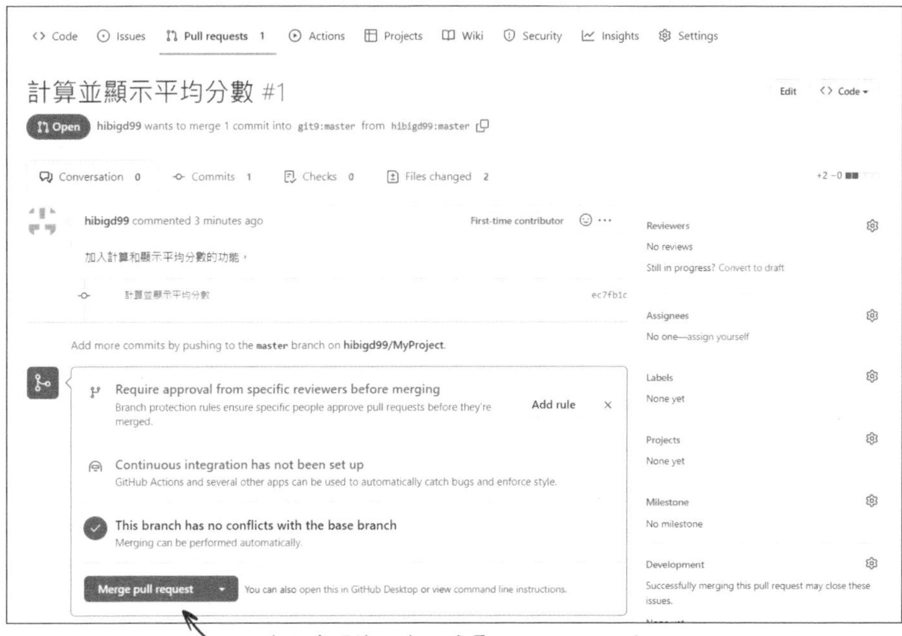

圖 15-11　Pull Request 的內容

7 STEP 我們可以在圖 15-11 的畫面檢視 Pull Request 的內容，如果決定要將它合併到原來的 Git 檔案庫，可以按下 Merge pull request 按鈕，然後再按下 Confirm merge，就可以完成 Git 檔案庫的合併。

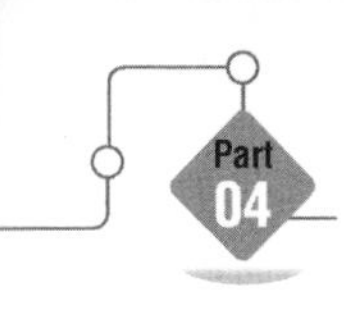

UNIT 16

Bitbucket 網站介紹

Bitbucket 網站和 GitHub 網站的功能基本上是一樣的，都是當成遠端 Git 檔案庫使用，而且同樣提供 Fork 和 Pull Request 功能，二者的差別只在操作畫面上有些許不同。這個單元我們就來介紹 Bitbucket 網站的用法。

16-1 登入 Bitbucket 網站和建立遠端 Git 檔案庫

圖 16-1　Bitbucket 官網首頁

要找到 Bitbucket 網站最快的方式當然是用 Google，圖 16-1 是 Bitbucket 網站首頁，依照圖上的說明操作，就會進入註冊和登入畫面，如圖 16-2。這個畫面有三項功能，假如之前已經在 Bitbucket 網站註冊過帳號，直接輸入註冊的 Email 就可以開始登入。否則點選畫面上列出的四個網站中的任何一個，然後輸入該網站的帳密也可以登入。如果上述二種情況都不符合，就點選最下面的建立帳戶，然後依照提示，完成註冊和登入。

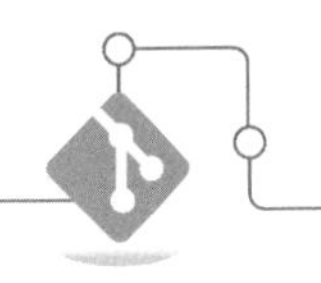

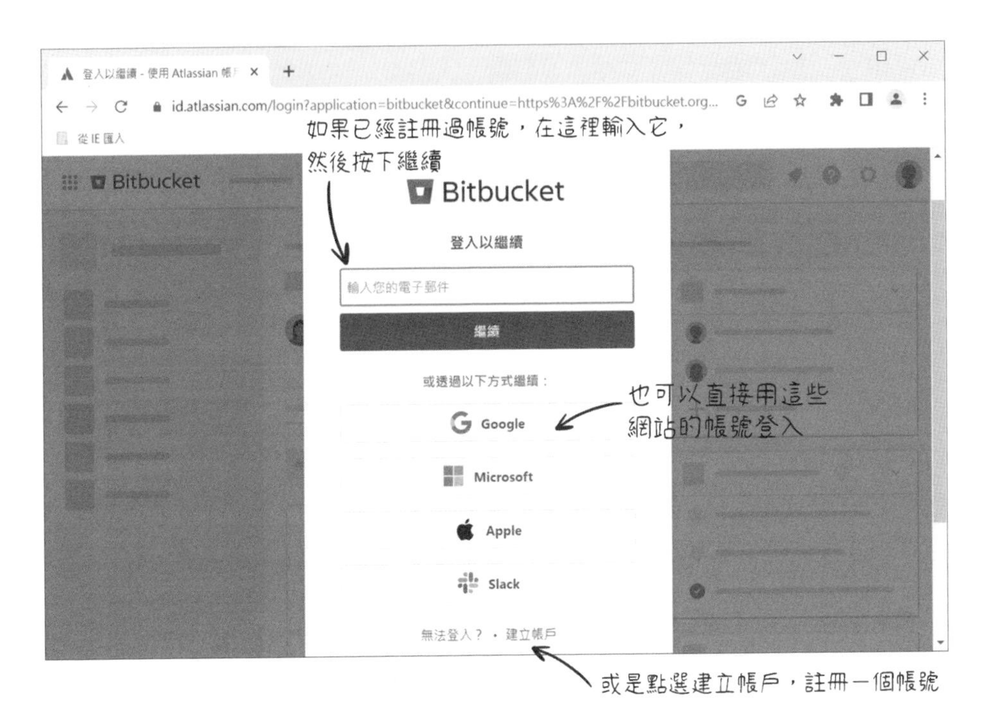

圖 16-2　註冊和登入畫面

第一次登入可能會顯示一些介紹畫面，依照提示將它帶過，就會出現圖 16-3 的畫面。按下 Create repository，就會顯示圖 16-4 的畫面，我們要在這裡設定 Git 檔案庫的屬性。Bitbucket 網站對於 Git 檔案庫的管理和 GitHub 網站有點不一樣，它會把 Git 檔案庫分到不同的專案群組。這裡的專案群組指的就是圖 16-4 的 Project 欄位。如果直接把這個欄位翻成專案，容易和 Git 檔案庫對應的專案混淆，所以我們稱它為專案群組比較容易理解，也符合它的用途。Project 欄位右邊的向下箭頭可以顯示之前已經建立過的專案群組，我們也可以直接輸入一個新的專案群組名稱。

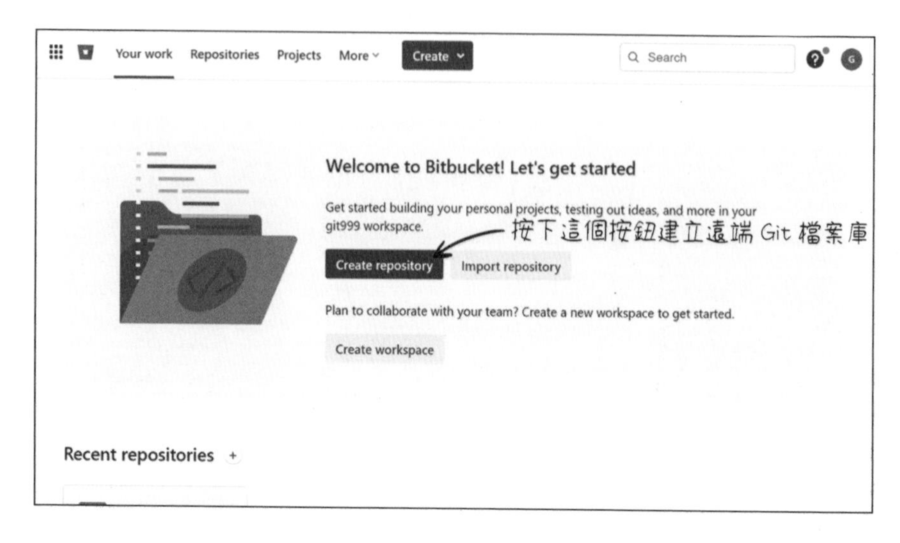

圖 16-3　開始建立遠端 Git 檔案庫

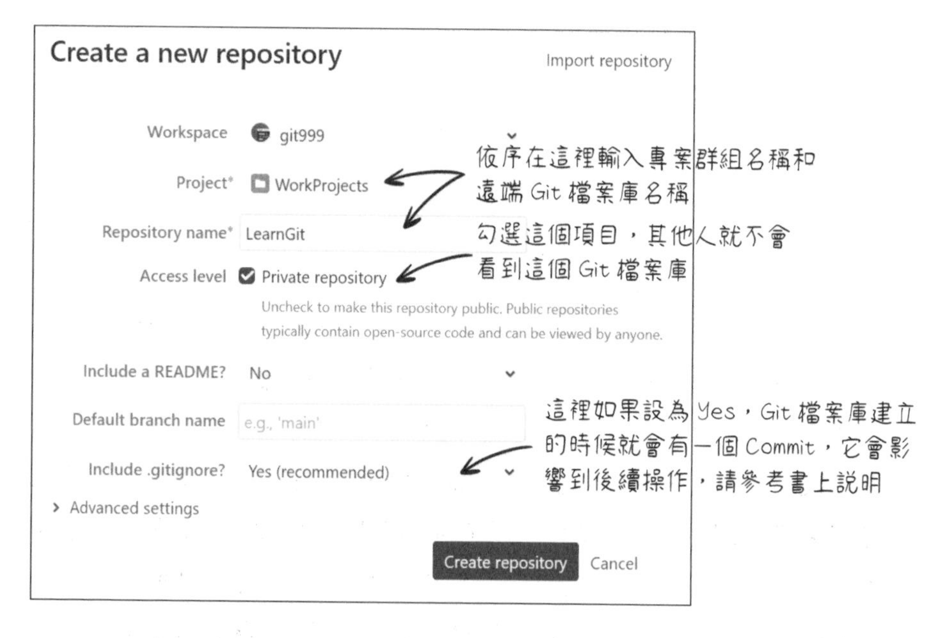

圖 16-4　設定 Git 檔案庫的屬性

接下來在 Repository name 欄位輸入 Git 檔案庫名稱，下一個選項 Access level 是設定其他人可不可以看到這個 Git 檔案庫。勾選它會讓這個 Git 檔案庫變成私有狀態，其他人無法看到這個 Git 檔案庫。最後一個 Include .gitignore 欄位會影響後續要如何使用這個 Git 檔案庫。如果要用 Clone 下載這個 Git 檔案庫，這裡就要設為 Yes，這樣 Git 檔案庫建立之後就會自動產生一個 Commit，如此一來，我們就可以把它 Clone 到電腦上。可是如果電腦上已經有一個 Git 檔案庫，我們想把它傳上來，就要把 Include .gitignore 欄位改成 No，也就是讓這個 Git 檔案庫是空的。

Bitbucket 網站的 Git 指令範例

如果把 Include .gitignore 欄位改成 No，建立 Git 檔案庫之後，會在網頁上顯示 Git 指令範例，教我們如何設定電腦上的 Git 檔案庫，讓它連到 Bitbucket 網站。

在 Bitbucket 網站上建立 Git 檔案庫之後，它就是一個遠端 Git 檔案庫，接下來就可以像之前介紹的 GitHub 網站一樣使用它。不過有一點要注意，根據筆者的經驗，Bitbucket 網站的 HTTPS 連線驗證有點問題，有時候密碼會失效，所以建議使用 SSH 連線。

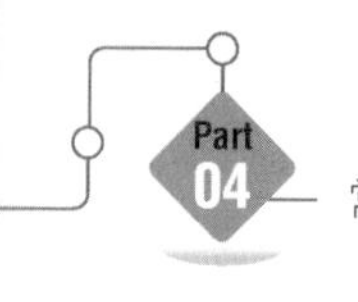

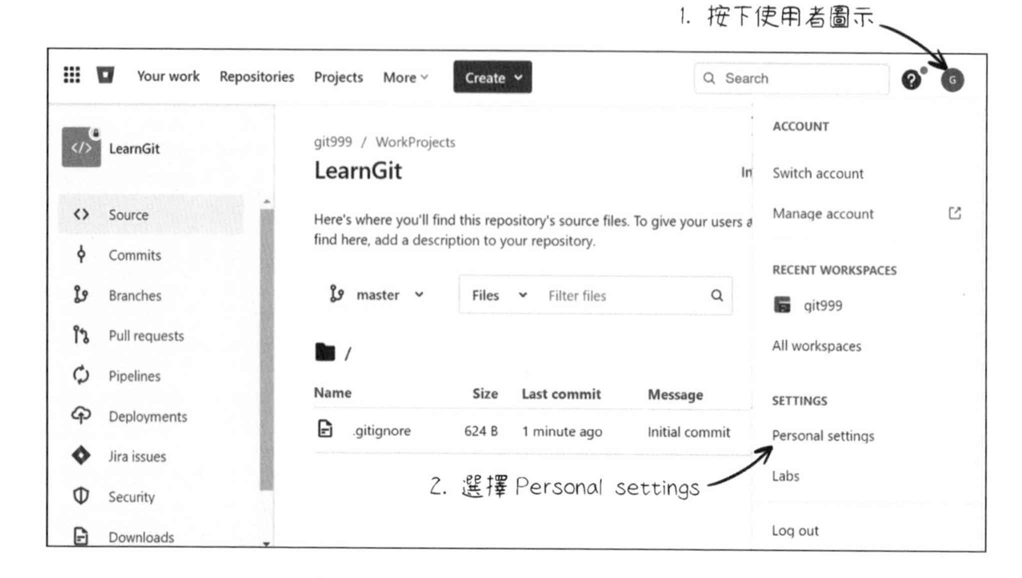

圖 16-5　開啓帳號設定畫面

要使用 SSH 連線必須先準備好 SSH Key。如果電腦上已經有 SSH Key，可以直接開啟它的公鑰檔，把內容複製下來。如果還沒有建立 SSH Key，可以參考單元 14 的說明，先完成 SSH Key 的建立。接下來依照圖 16-5 的說明進入帳號設定畫面，再參考圖 16-6 的操作步驟，開啟 SSH 公鑰對話盒，就會看到圖 16-7 的畫面，在這裡設定公鑰名稱和內容，最後按下 Add key 按鈕。

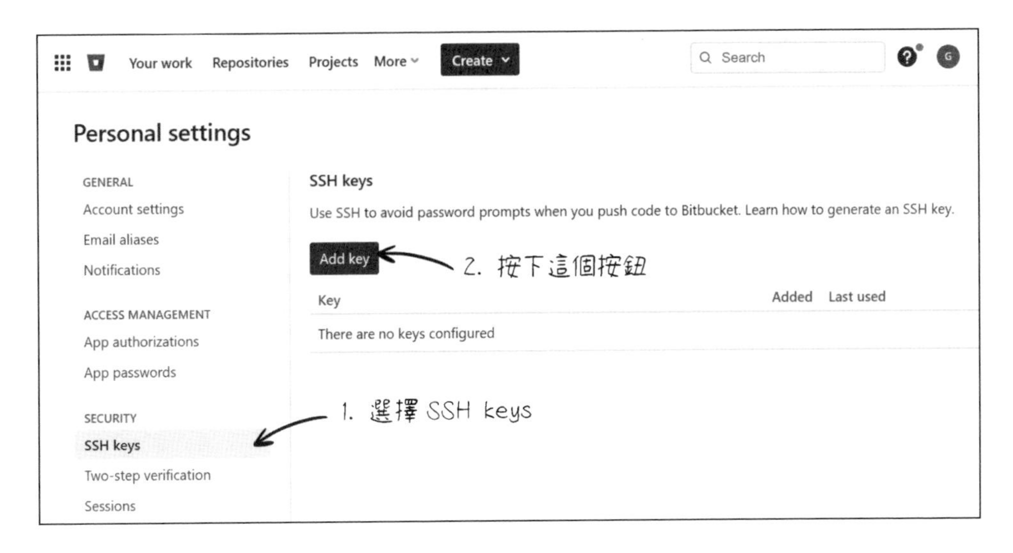

圖 16-6　在 Bitbucket 網站加入 SSH 公鑰

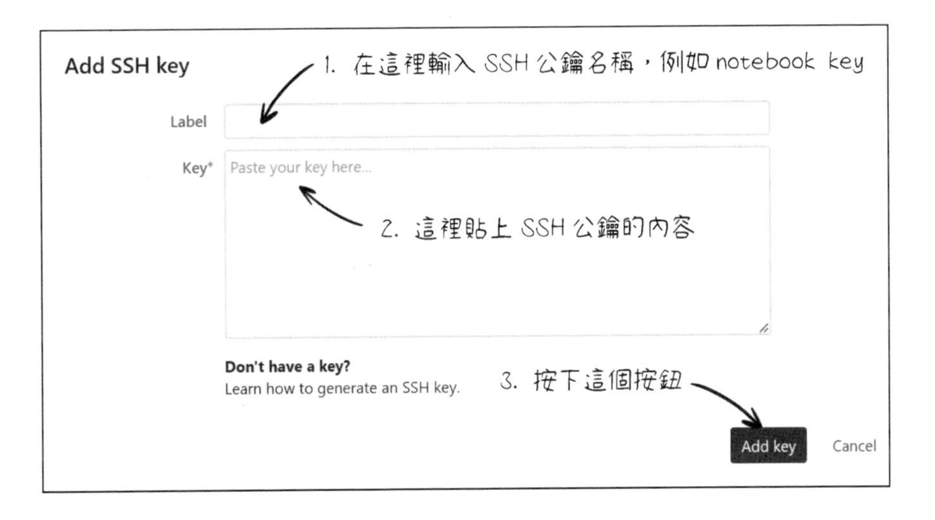

圖 16-7　設定 SSH 公鑰名稱和內容

現在我們已經在 Bitbucket 網站上建立 Git 檔案庫，並且設定好 SSH 公鑰，最後剩下的工作就是取得 Git 檔案庫的網址。我們可以在圖 16-6 畫面上方的功能表選擇 Repositories，就會顯示 Git 檔案庫清單，點選要查看的 Git 檔案庫，就會顯示它的內容，如圖 16-8。按下畫面右上方的 Clone 按鈕，就會出現圖 16-9 的對話盒。我們可以利用右上角的下拉式選單切換 HTTPS 和 SSH 網址，然後在下方欄位把網址複製下來。現在可以依照單元 14 介紹的 Git GUI 操作方法，把 Bitbucket 網站上的 Git 檔案庫 Clone 到我們的電腦上，或是把電腦上的 Git 檔案庫上傳到 Bitbucket 網站。

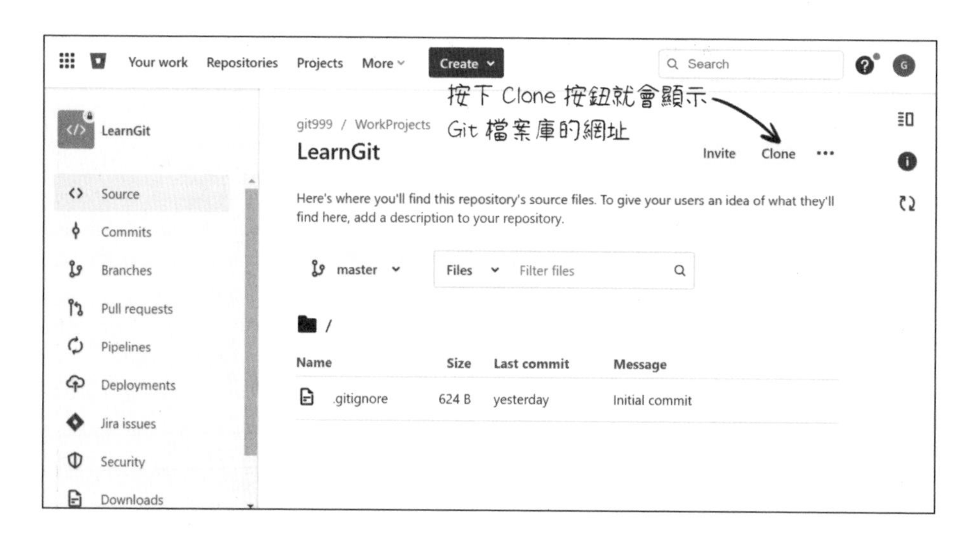

圖 16-8　檢視 Git 檔案庫

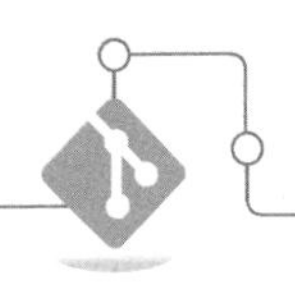

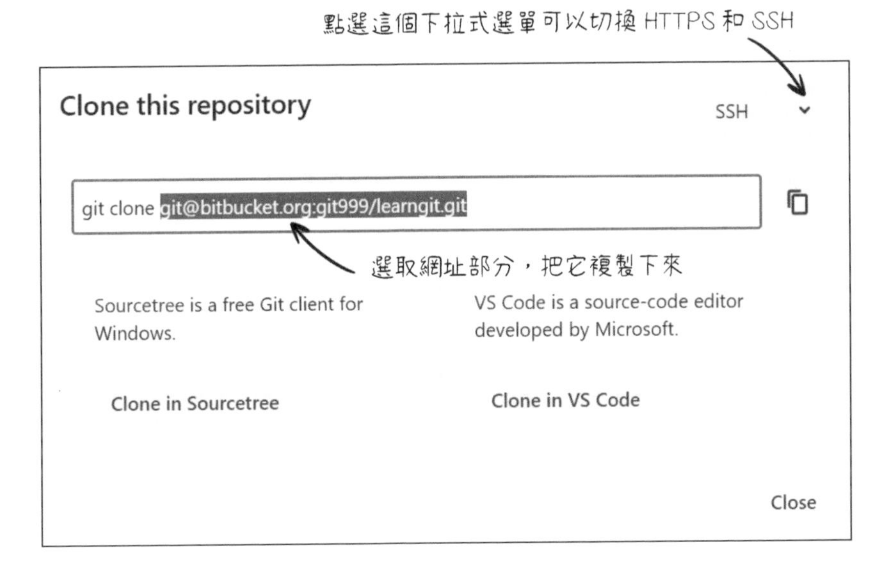
點選這個下拉式選單可以切換 HTTPS 和 SSH
Clone this repository
SSH
git clone git@bitbucket.org:git999/learngit.git
選取網址部分，把它複製下來
Sourcetree is a free Git client for Windows.
VS Code is a source-code editor developed by Microsoft.
Clone in Sourcetree
Clone in VS Code
Close

圖 16-9　顯示 Git 檔案庫的網址

16-2 Bitbucket 網站的 Fork 和 Pull Request

Bitbucket 網站同樣支援 Fork 和 Pull Request 功能，而且流程和 GitHub 網站類似，以下是操作說明：

先在 Bitbucket 網站上找到要 Fork 的 Git 檔案庫，並且複製它的網址。我們只能夠 Fork 別人公開的 Git 檔案庫，或是自己的 Git 檔案庫。

登入 Bitbucket 網站，把要 Fork 的 Git 檔案庫網址貼到瀏覽器網址列，按下 Enter 鍵。

STEP 3 畫面會顯示該 Git 檔案庫（參考圖 16-10），按下右上方的「・・・」按鈕，選擇 Fork this repository。

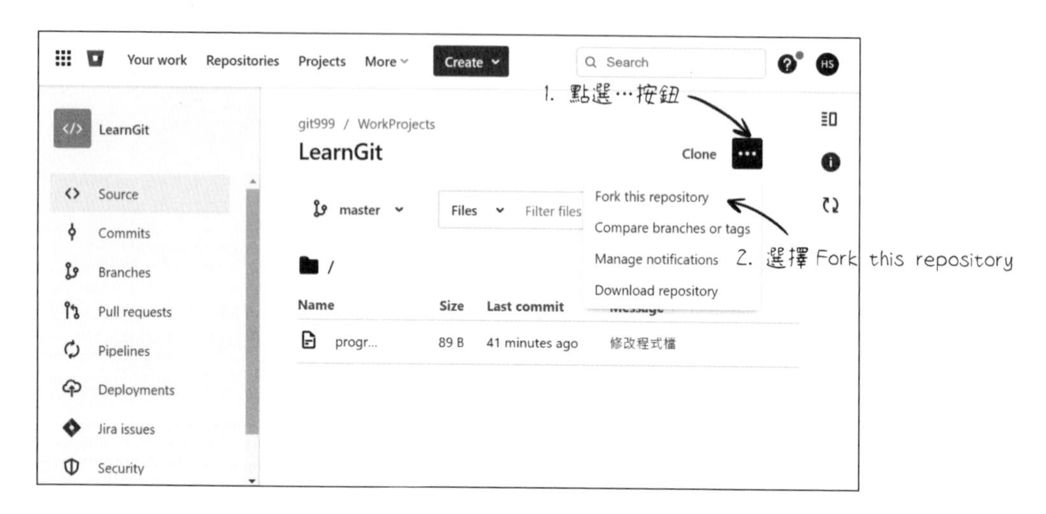

圖 16-10　Fork Bitbucket 網站的 Git 檔案庫

STEP 4 接下來會看到圖 16-11 的對話盒，讓我們設定要把 Fork 得到的 Git 檔案庫存到哪一個專案群組，並且幫它取一個名字，還可以設定是否要將它公開，最後按下 Fork repository。

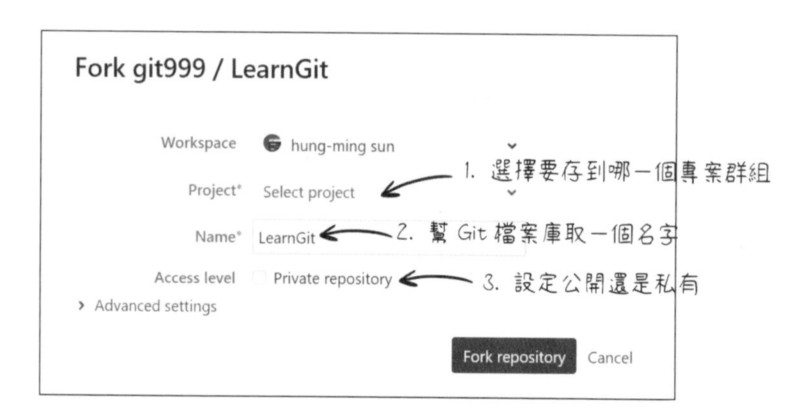

圖 16-11　設定 Fork 的 Git 檔案庫

STEP 5 等它執行完畢，就會在你的帳號下看到這個 Git 檔案庫，接下來就可以對它做任何你想要的操作。

STEP 6 如果 Bitbucket 網站上那個被我們 Fork 的 Git 檔案庫又有新的修改，我們想要將這些修改，套用到 Fork 出來的檔案庫，這種情況就如同上一個單元解釋過的做法，也就是利用 git fetch 指令，將新的修改下載到本地 Git 檔案庫，再進行合併。最後把合併後的結果，上傳到 Bitbucket 網站上的 Git 檔案庫。

STEP 7 當我們在 Fork 出來的 Git 檔案庫中完成修改之後，如果想要把結果，合併到原來的 Git 檔案庫，可以在 Bitbucket 網站的 Git 檔案庫畫面左邊的功能區（參考圖 16-12），選擇 Pull requests，然後在下一個畫面按下右上角的 Create pull request，就會顯示圖 16-13 的畫面。先確定 Destination Repository 欄位是否正確，然後在 Title 欄位輸入標題，如果想要加入更詳細的說明，可以填寫在下方的 Description 欄位。完成後按下 Create pull request 按鈕。

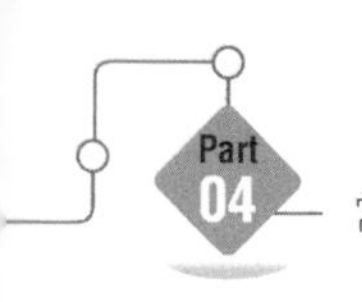

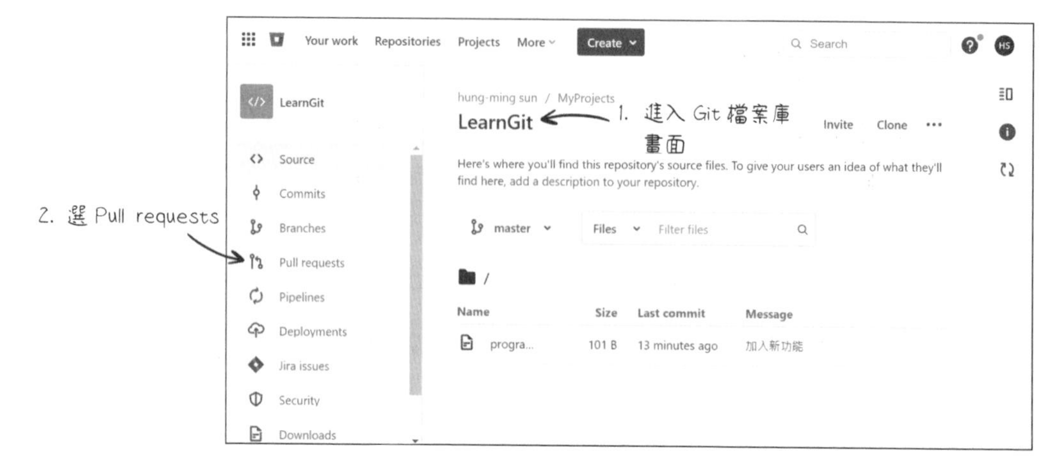

圖 16-12　執行 Pull Request

圖 16-13　輸入 Pull Request 標題和說明

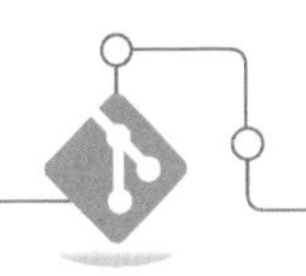

8 STEP 切換到原來的 Git 檔案庫畫面之後，在左邊的功能區選擇 Pull requests，就會看到有一個項目，它的名稱就是我們在上一個步驟輸入的標題。點選該項目就會顯示圖 16-14 的畫面，裡頭會列出它的詳細資訊。按下畫面上的「···」按鈕就會顯示操作選單，如果要接受這個修改，可以選擇 Merge，就會開始執行合併。如果不要接受它，就選擇 Decline。

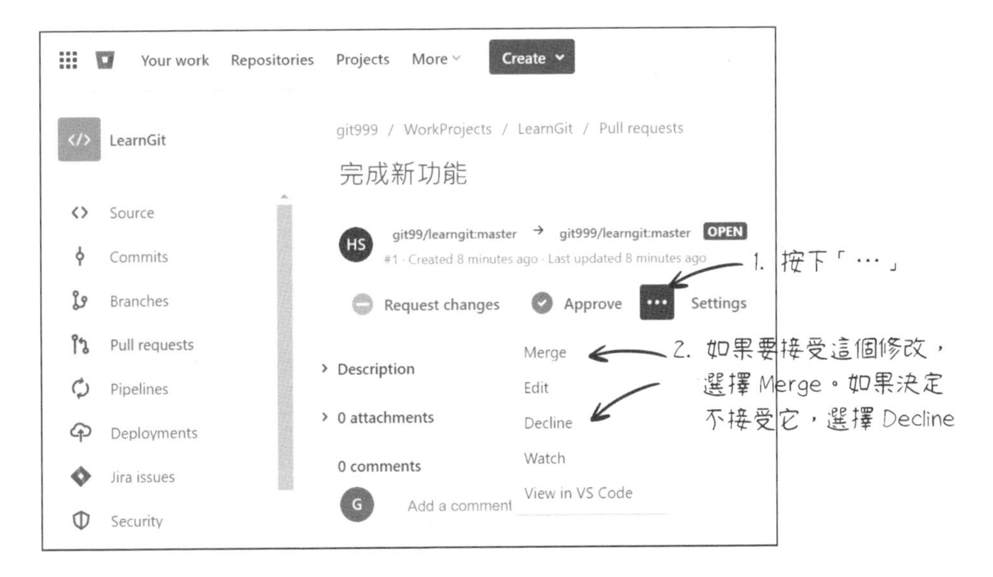

圖 16-14 檢視收到的 Pull Request 並決定是否接受它

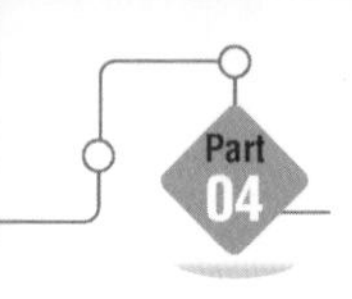

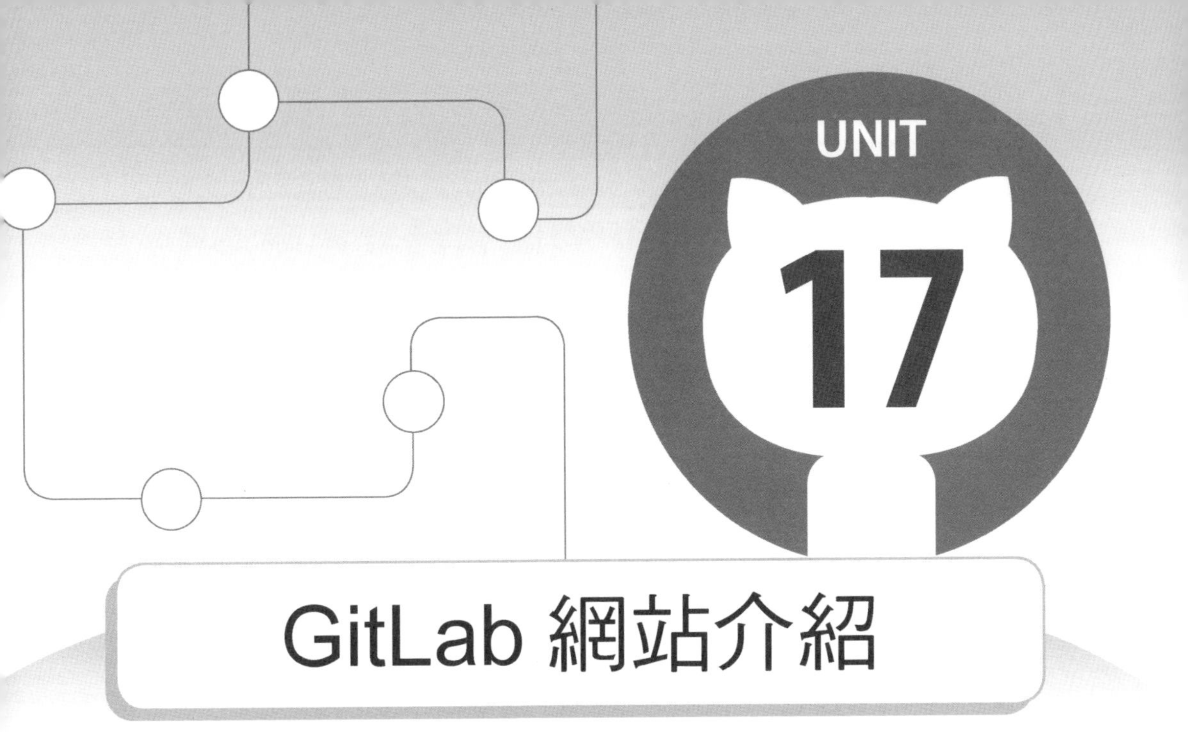

GitLab 網站介紹

我們已經學會使用 GitHub 和 Bitbucket 網站，最後一個要介紹的是 GitLab 網站。除了這三個網站之外，當然還有其他網站也可以提供遠端 Git 檔案庫的服務。但是這三個網站算是比較知名，使用人數也比較多，這意味者它們有一定的信賴度和可靠度。Git 檔案庫裡頭儲存的通常是重要的專案資料。如果遺失了，或是發生任何問題，將會是一件麻煩的事，所以一定要選擇一個穩定而且安全的地方儲存。

17-1 登入 GitLab 網站和建立遠端 Git 檔案庫

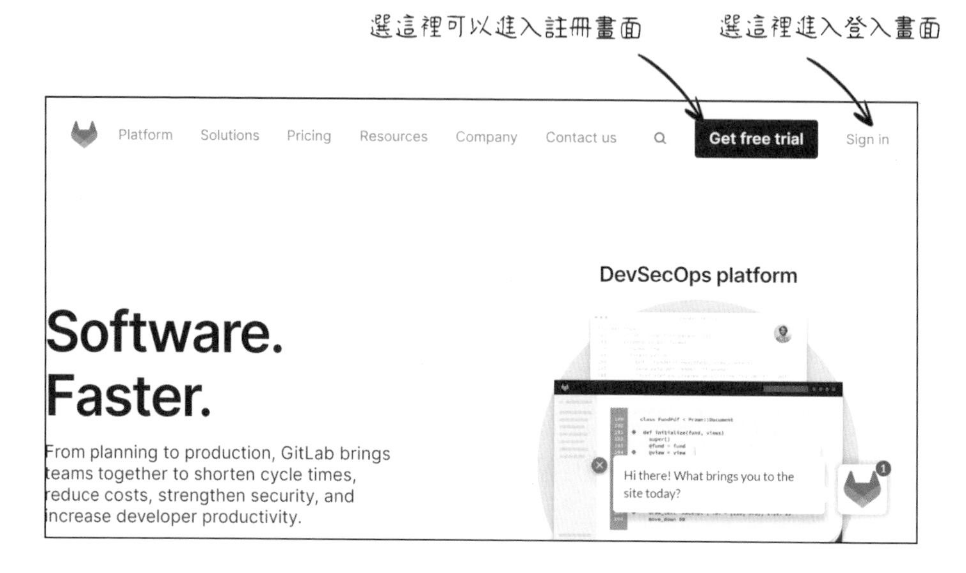

圖 17-1　GitLab 網站註冊和登入畫面

要找到 GitLab 官網最快的方式當然還是利用 Google。連到 GitLab 網站後會看到圖 17-1 的畫面，右上角有二個按鈕可以做註冊和登入。GitLab 網站支援用 Google 帳號和 GitLab 或是 Bitbucket 網站帳號登入。無論是要註冊還是登入，只要依照網頁上的指示操作，就可以順利完成。

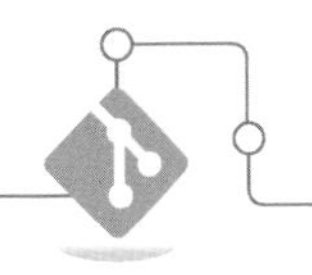

圖 17-2　登入 GitLab 網站後的畫面

登入 GitLab 網站之後會顯示圖 17-2 的畫面，選擇 Create a project 就可以開始建立遠端 Git 檔案庫。進入下一個畫面後，選擇 Create blank project，就會看到圖 17-3 的畫面，我們要在這裡設定 Git 檔案庫的屬性，包括 Git 檔案庫名稱，以及是否要將它公開還是私有。另外還有一個選項會影響後續如何使用這個 Git 檔案庫。如果要用 Clone 下載這個 Git 檔案庫，就要勾選它，這樣 Git 檔案庫建立之後，就會自動產生一個 Commit，這樣我們才可以把它 Clone 到電腦上。可是如果電腦上已經有一個 Git 檔案庫，我們想把它上傳到這個遠端 Git 檔案庫，就要取消勾選這一項，也就是讓這個 Git 檔案庫是空的。設定完畢後按下最下面的 Create project 按鈕。

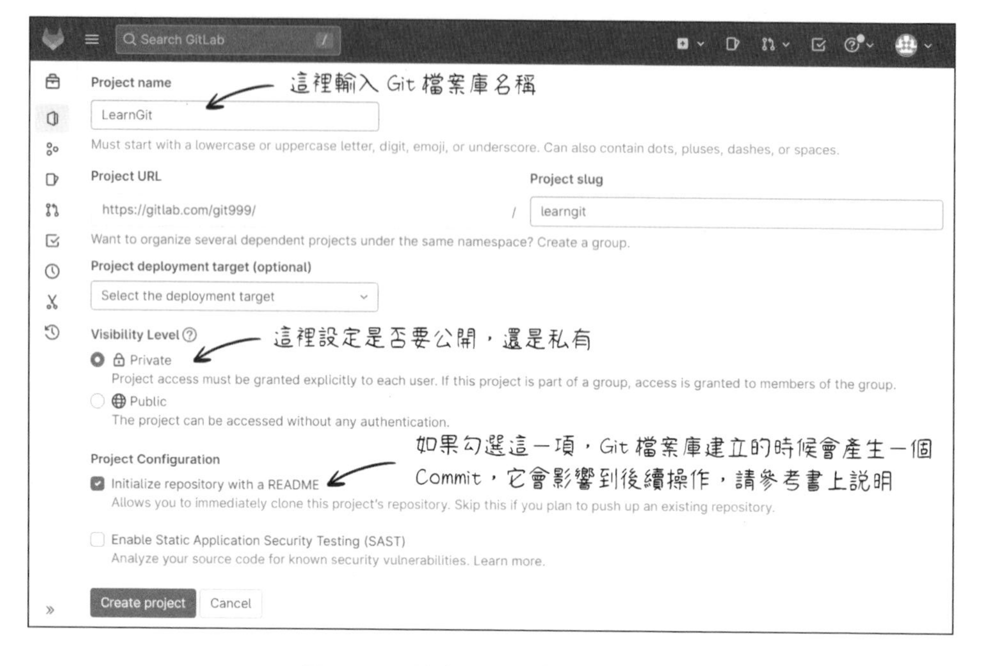

圖 17-3　設定 Git 檔案庫的屬性

Git 檔案庫建立完畢之後，就會進入它的操作畫面，裡頭會顯示 Git 指令範例和一個 Clone 按鈕，如圖 17-4。點選 Clone 按鈕會顯示 Git 檔案庫的 HTTPS 和 SSH 網址，我們可以依照自己或是開發團隊的需求，選擇 HTTPS 或是 SSH 格式的網址。如果要設定 SSH 公鑰，可以點選網頁右上角的使用者圖示，然後選擇 Preferences，就會出現圖 17-5 的畫面。按下左邊的 SSH Keys 按鈕就會進入設定畫面。SSH 公鑰的設定方式和 Bitbucket 網站以及 GitHub 網站類似，只不過它多了一個 Expiration date 欄位，這個欄位用來設定 SSH 公鑰的有效期限。如果希望這個 SSH 公鑰永久有效，就把它留白。接下來就可以啟動 Git GUI，把 GitLab

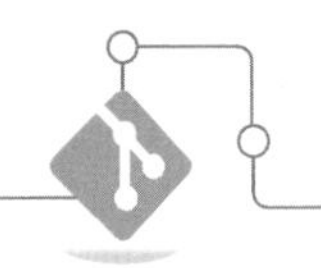

網站上的 Git 檔案庫 Clone 下來，或是把電腦上的 Git 檔案庫上傳到 GitLab 網站。

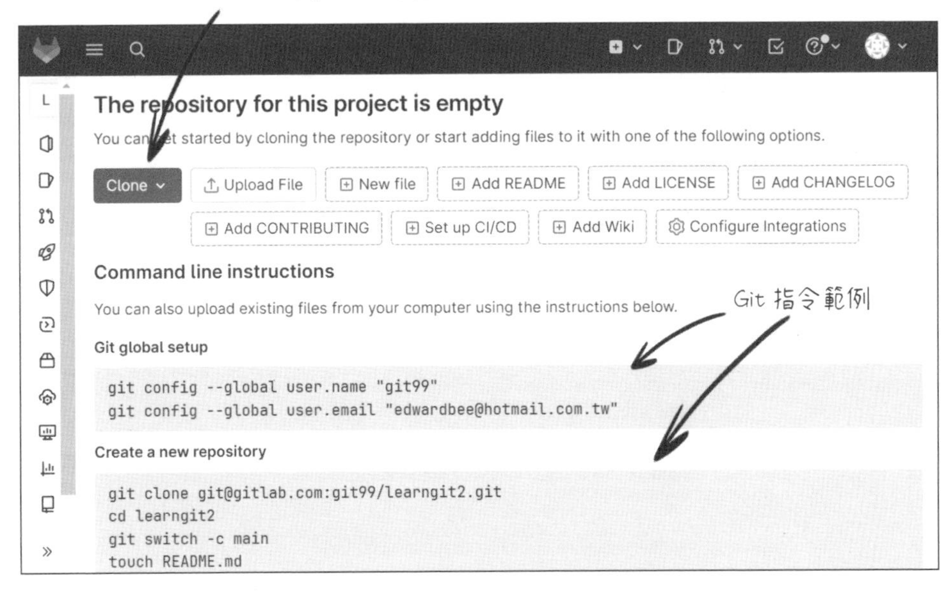

圖 17-4　Git 檔案庫的操作畫面

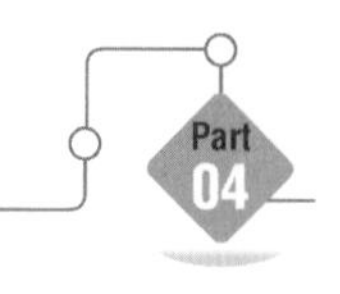

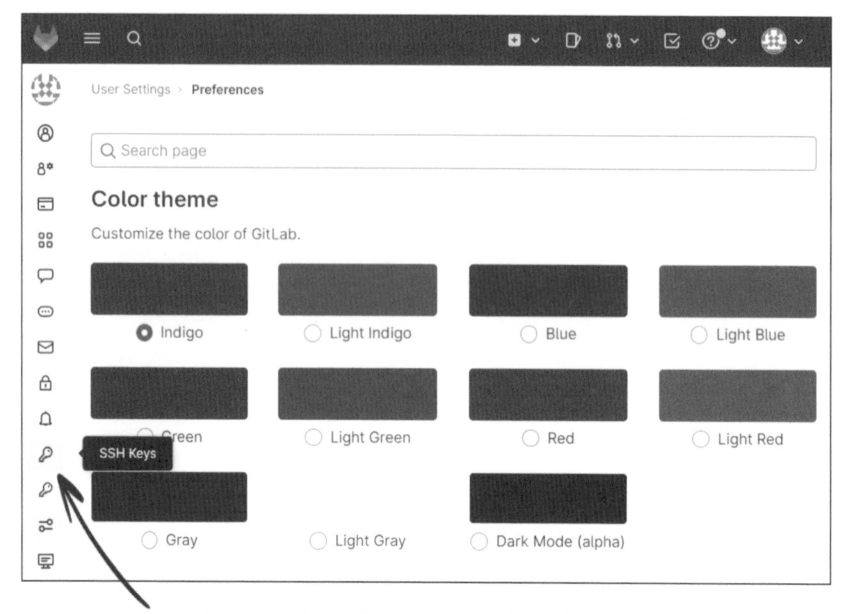

圖 17-5　進入 SSH 公鑰設定畫面

17-2 GitLab 網站的 Fork 和 Merge Request

GitLab 網站也有 Fork 和 Pull Request 的功能，只不過它把 Pull Request 改名叫做 Merge Request。其實以筆者自己的想法來說，把它叫做 Merge Request 確實比較合適，因為根據前面單元的介紹，Pull Request 的功能是把 Git 檔案庫的修改，合併到它的來源 Git 檔案庫，所以稱它為 Merge Request 確實比較合理。

無論如何，我們只要知道 Pull Request 和 Merge Request 其實是指同一件事即可！

以下是在 GitLab 網站上執行 Fork 和 Merge Request 的步驟：

STEP 1 先在 GitLab 網站上找到要 Fork 的 Git 檔案庫，然後複製它的網址。我們只能夠 Fork 別人公開的 Git 檔案庫，或是自己的 Git 檔案庫。

STEP 2 登入 GitLab 網站，把要 Fork 的 Git 檔案庫網址貼到瀏覽器網址列，按下 Enter 鍵。

STEP 3 畫面會顯示該 Git 檔案庫（參考圖 17-6），按下右上方的 Fork 按鈕就會進入設定畫面。

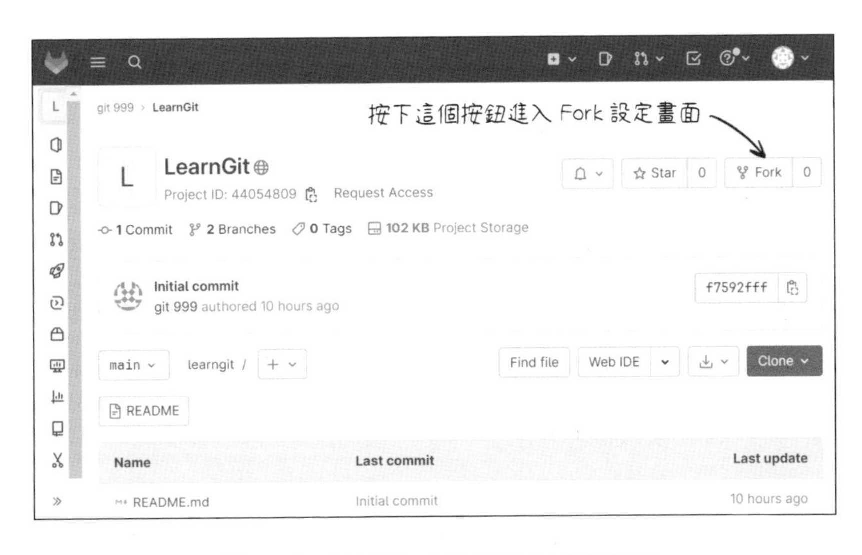

圖 17-6　按下 Fork 按鈕進入設定畫面

4 STEP 在圖 17-7 的畫面設定 Git 檔案庫名稱，以及要公開還是私有，然後按下畫面最下方的 Fork project 按鈕。

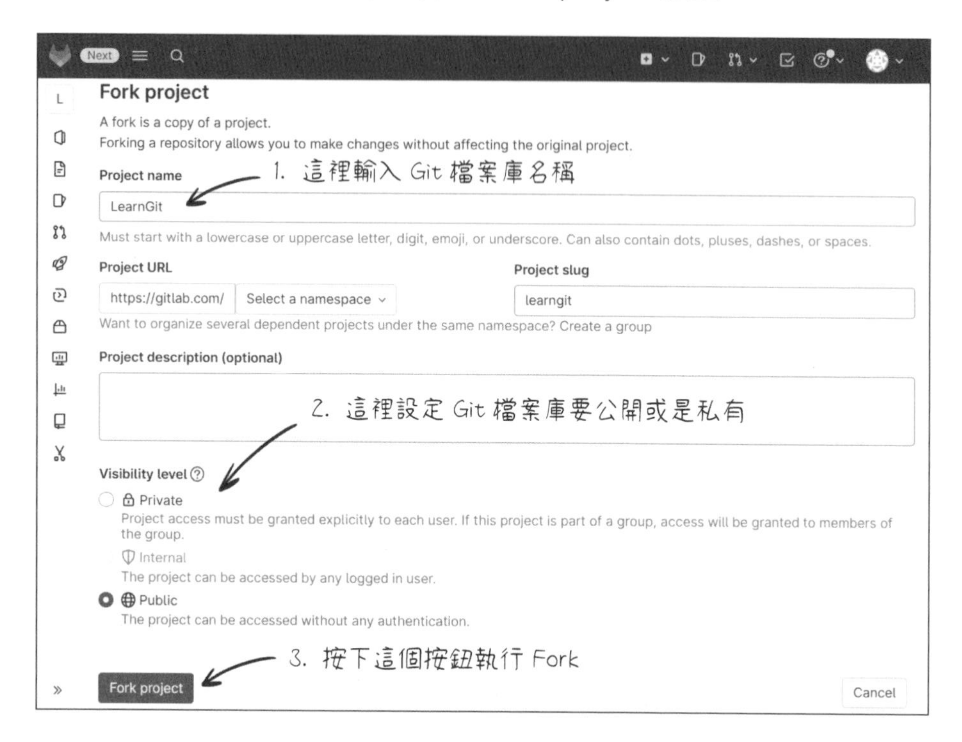

圖 17-7　設定 Fork 的 Git 檔案庫

5 STEP 等它執行完畢，就會在你的帳號下看到 Fork 出來的 Git 檔案庫，接下來就可以開始對它做操作。

6 STEP 如果 GitLab 網站上那個被我們 Fork 的 Git 檔案庫又有新的修改，我們想要把這些修改，套用到我們 Fork 出來的檔案庫，這種情況就如同前面單元已經介紹過的做法，也就是利用 git fetch 指令，將新的修改下載到本地 Git 檔案庫，然

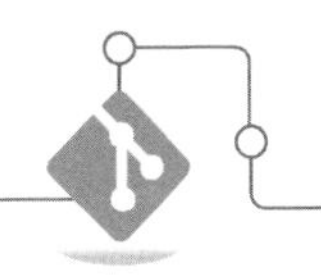

後進行合併，再把合併後的結果上傳到 GitLab 網站上的 Git 檔案庫。

STEP 7 當我們在 Fork 出來的 Git 檔案庫中完成開發作業之後，如果想要把結果合併到原來的 Git 檔案庫，可以在 Git 檔案庫畫面左邊的功能區（參考圖 17-8），按下 Merge requests 按鈕，然後在下一個畫面按下畫面下方的 New merge request，就會顯示圖 17-9 的畫面。這裡要選擇合併哪一個分支。設定好之後，按下 Compare branches and continue 按鈕。

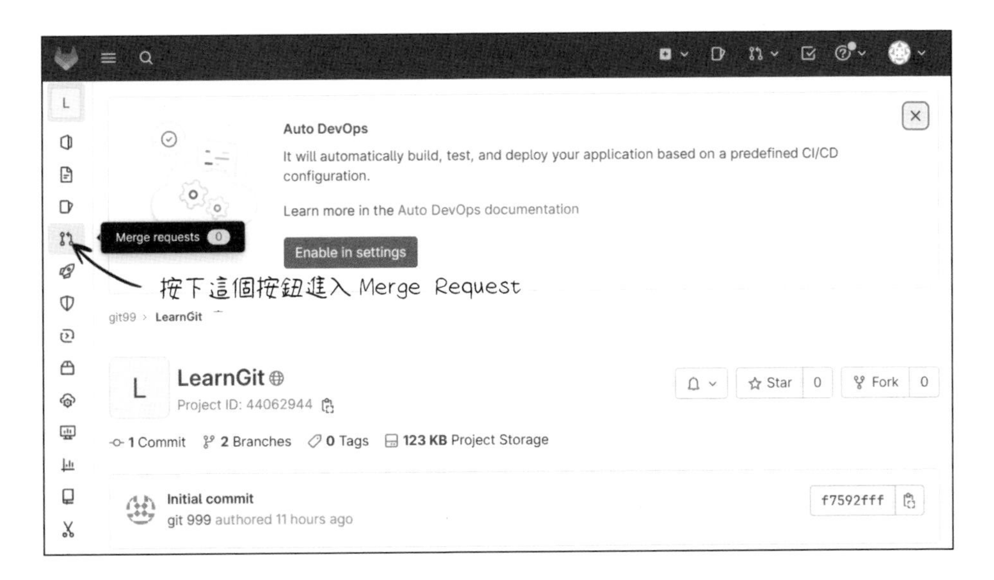

圖 17-8　進入 Merge Request 設定畫面

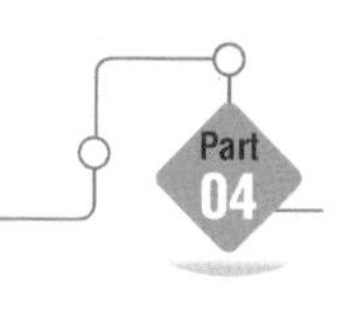

圖 17-9 選擇 Merge Request 的分支

8 STEP 接下來會顯示圖 17-10 的畫面，讓我們輸入標題和說明，然後按下 Create merge request 按鈕，就會把這個請求，送回去給原來被 Fork 的 Git 檔案庫。

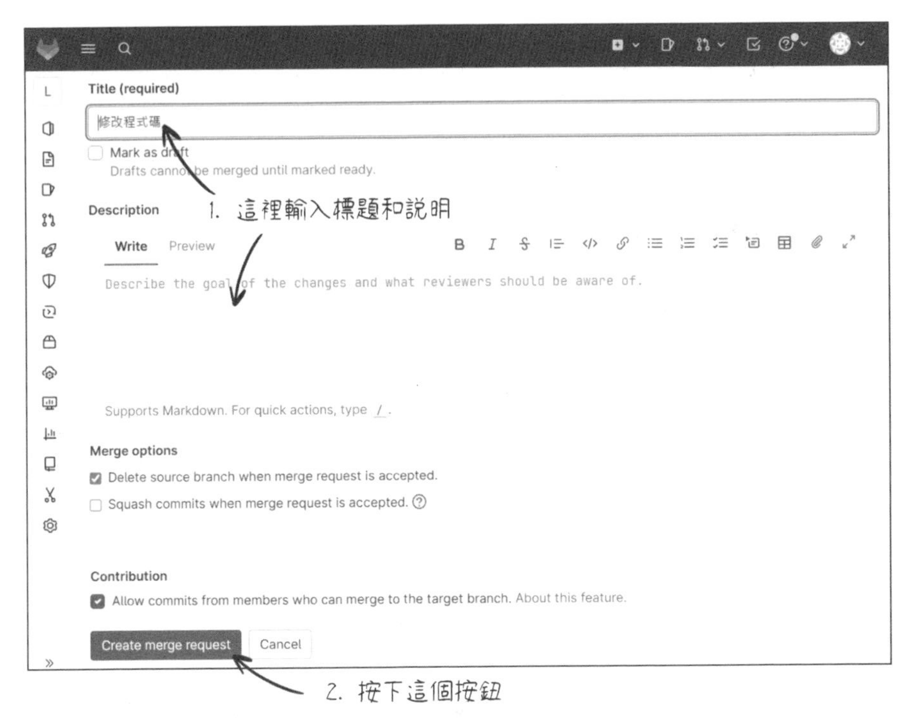

圖 17-10　輸入 Merge Request 的標題和說明

STEP 9 被 Fork 的 Git 檔案庫的擁有者，開啟他的 Git 檔案庫之後，把滑鼠游標停在左邊功能區的 Merge requests 按鈕上（參考圖 17-11），就會出現一個訊息，說明目前有一個 Merge Request 等待處理。按下該按鈕就會顯示待處理的 Merge Request 清單，點選其中的 Merge Request 項目就會看到圖 17-12 的畫面。我們可以檢視 Merge Request 的內容，如果決定要接受它，就按下畫面下方的 Merge 按鈕，開始執行合併。

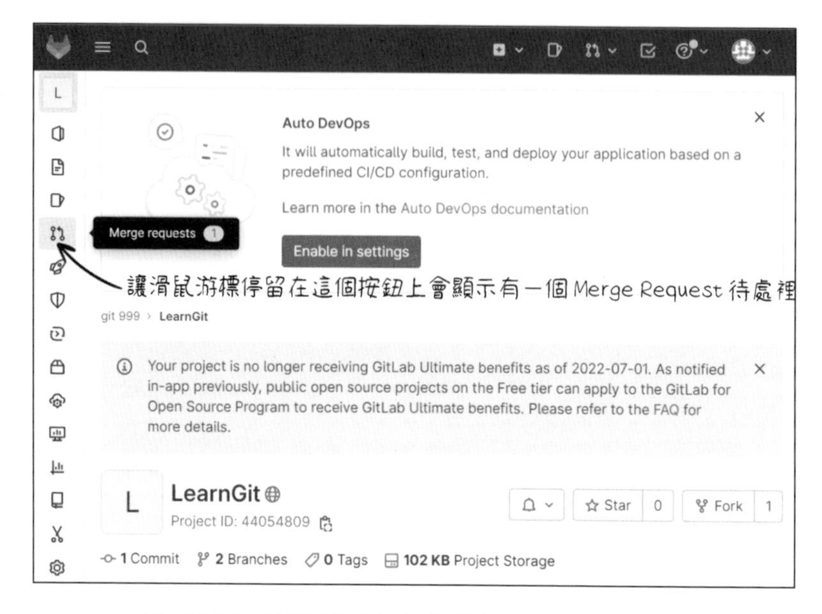

圖 17-11　畫面顯示有未處理的 Merge Request

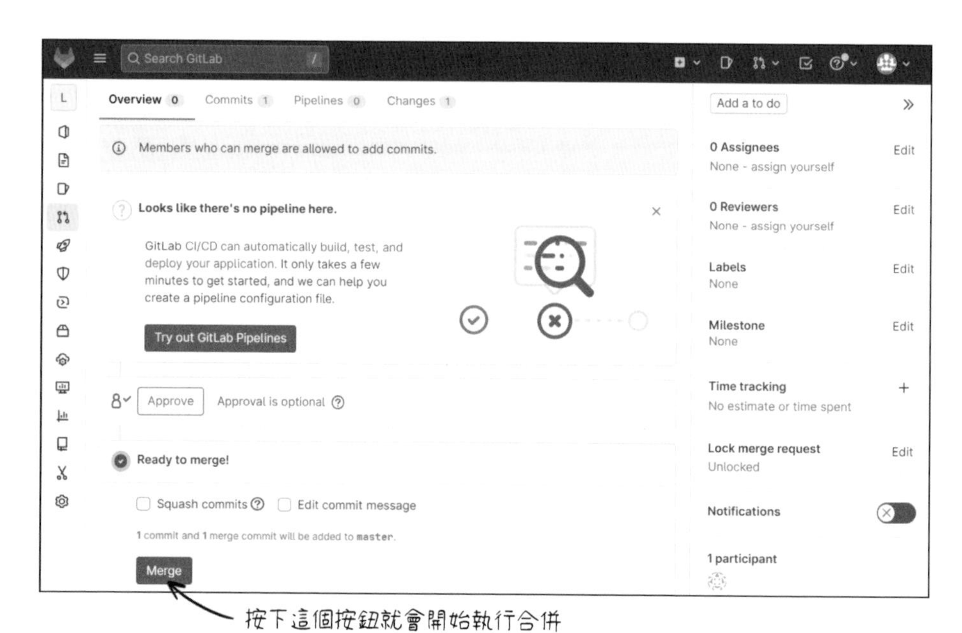

圖 17-12　檢視 Merge Request 的內容

GitHub Flow 和 GitLab Flow

我們在單元 10 介紹過 Git Flow 和 TBD 二種開發模式，當時的情境是在本地 Git 檔案庫上操作，現在我們已經學會使用 Git 伺服器網站，它們提供 Fork 和 Pull Request 功能，可以讓專案控管更周全。這個單元要來介紹 GitHub 和 GitLab 這二個網站提出的專案開發策略，它們分別叫做 GitHub Flow 和 GitLab Flow。我們先從 GitHub Flow 開始介紹。

18-1 GitHub Flow

如果把 GitHub Flow 分別和 Git Flow 以及 TBD 這二種模式比較，GitHub Flow 和 TBD 比較接近。我們用圖 18-1 來解釋 GitHub Flow 的開發流程，雖然它看起來有點複雜，但是其實它只是結合 Fork

和 Pull Request 這二種功能，用它們控管分支的合併。本質上它就是一個建立新分支，然後把新分支合併到主分支的作業。

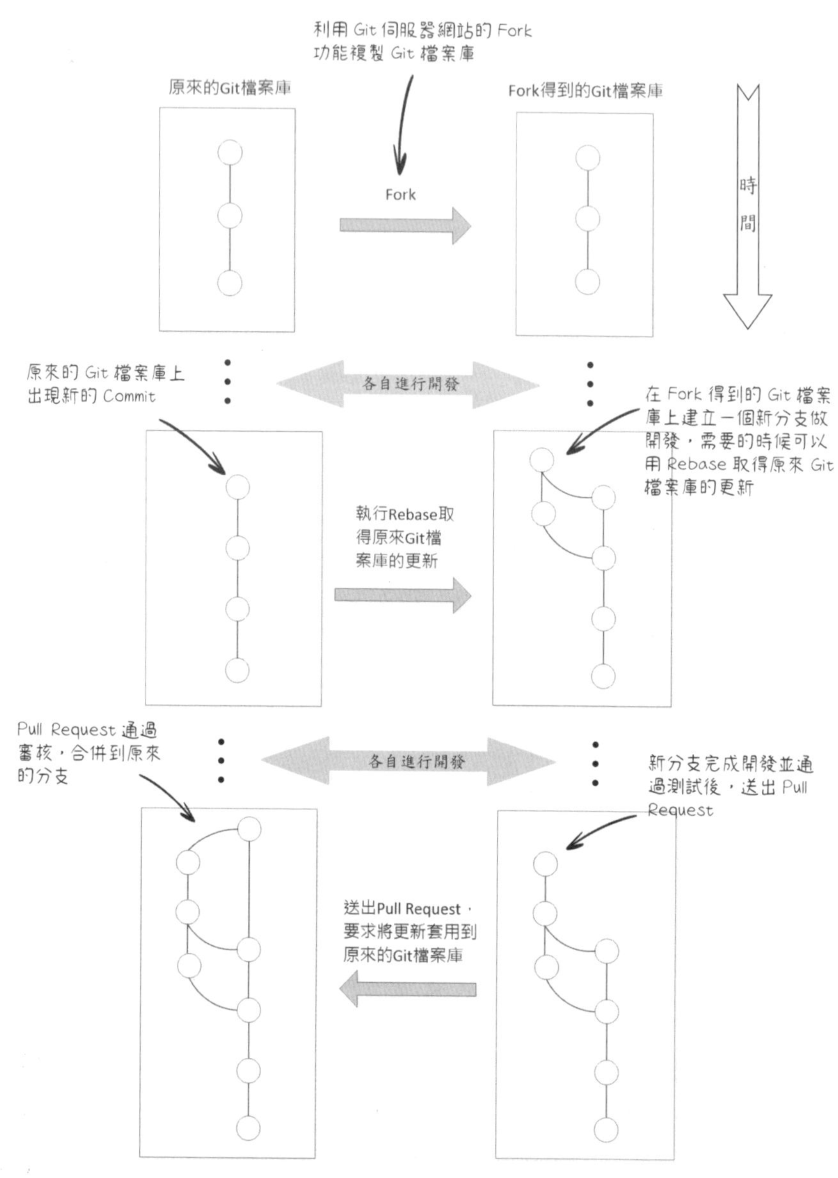

圖 18-1　GitHub Flow 開發流程

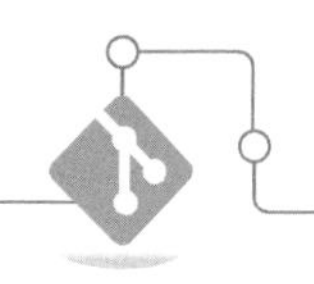

以下是 GitHub Flow 的規範：

1. master 分支是所有開發者唯一共用的專案版本，而且它必須維持在隨時可以發行成為正式版的狀態。也就是它必須是穩定的，而且可以正常執行。
2. 要修改程式的時候，不管是開發新功能，還是除錯，都必須依照圖 18-1 的方式進行。也就是先 Fork 出來一個新的 Git 檔案庫，然後在裡頭建立一個新分支，開始做修改。如果原來的 Git 檔案庫上有新的 Commit，可以利用 15-2 小節介紹的方法，把它們合併過來。

上述第 1 點和 TBD 完全相同，但是 GitHub Flow 沒有強制規定開發者多久要把修改合併到 master 分支。另外，由於它導入 Fork 和 Pull Request 這二種功能，在做分支合併的時候多了審核機制，因此有助於提升專案開發的品質。

18-2 GitLab Flow

GitLab Flow 可以看成是 GitHub Flow 的延伸。GitHub Flow 的 master 分支被視為是專案唯一的正式版，這樣做會有一些限制，例如同一個專案有多個客戶，需要提供不一樣的版本時，只能維持一個 master 分支就顯得缺乏實務上的彈性。為了能夠符合不同的需求，我們必須在 master 分支之外，再為不同的客戶建立專屬的分支，像是 customer-a、customer-b...。甚至這些分支之間還可以存在從屬關係，例如圖 18-2 的 customer-a-preview 和 customer-a。

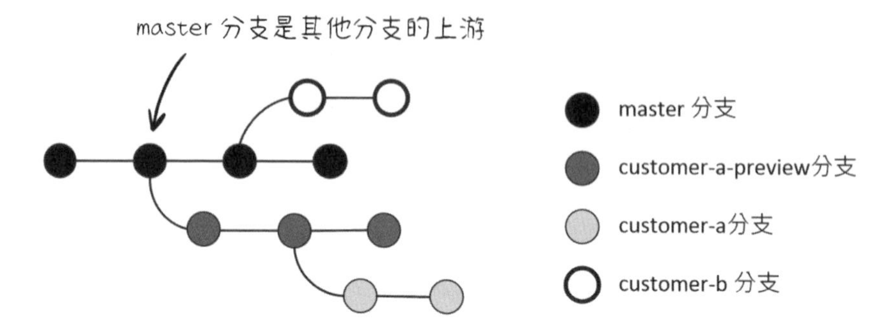

圖 18-2　GitLab Flow 開發流程

我們可以把 GitLab Flow 的 master 分支看成是專案全部功能的完整版，它是其他版本的上游。換句話說，其他版本是由 master 分支衍生出來的下游。GitLab Flow 有一個規定，就是任何修改一定要從上游開始做，再套用到下游。假設在 customer-a 分支發現一個 Bug，我們必須先修改 master 分支上的版本，再把它合併到 customer-a-preview 分支，最後再套用到 customer-a 分支。

UNIT A Git 常用指令

Git 總共提供超過一百個以上的指令讓我們執行各種操作（可以利用「git help -a」指令顯示完整的清單），每一個指令又有許多選項可以搭配，我們不可能，也不需要完全記住這些指令。就實用性而言，只要熟練部分指令和選項的用法，就可以滿足絕大部分的需求。以下我們將常用的 Git 指令，依照字母順序列表說明，以方便讀者查閱。

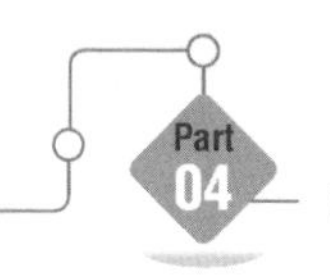

git add .

把資料夾中的新檔案和有修改的檔案放到 Staging Area，以便執行 Commit。要注意的是，這個指令不會檢查資料夾中是否有檔案被刪除。只有執行指令當下的檔案內容會被加入 Staging Area。如果後來又做了修改，修改後的內容不會在 Staging Area 裡頭。我們必須重新執行指令，才會更新 Staging Area 裡頭的內容。

git add 檔案名稱 檔案名稱 …

將指定的檔案內容加到 Staging Area，以便執行 Commit。只有執行指令當下的檔案內容會被加入 Staging Area。如果後來又做了修改，修改後的內容不會在 Staging Area 裡頭。我們必須重新執行指令，才會更新 Staging Area 裡頭的內容。

git add -A

把資料夾中的新檔案和有修改的檔案，以及被刪除的檔案，都放到 Staging Area，以便執行 Commit。被刪除的檔案會在 Staging Area 中註記。執行 Commit 的時候，被註記為刪除的檔案會從新的 Commit 中移除。如果日後要找回被刪除的檔案，可以從舊的 Commit 中將它們取回。

git add --update

或是

git add -u

比對目前資料夾中的檔案內容，和 Git 檔案庫中的檔案內容，把有修改的部分和刪除的檔案加到 Staging Area，以便執行 Commit。這個指令不會加入新的檔案，只會更新和刪除檔案。

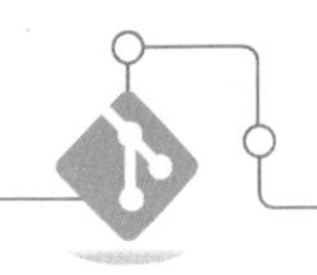

git blame 檔案名稱

或是

git blame -L 起始行,結束行 檔案名稱

或是

git blame -L 起始行, 檔案名稱

或是

git blame -L,結束行 檔案名稱

顯示檔案的每一行是由誰修改。可以搭配「-L」選項，指定要從哪一行開始到哪一行結束。如果沒有指定起始行，表示是從檔案的第一行開始。如果沒有指定結束行，表示要到檔案的最後一行。

git branch 自己取的分支名稱 commit 識別碼或是標籤

依照參數的多寡，會有不同的功能。如果最後有指定 Commit 識別碼或是標籤，就會從該 Commit 長出分支。如果沒有指定 Commit，就會從最新的 Commit 長出分支。git branch 指令後面沒有接任何參數時，會列出目前檔案庫中全部的分支。

git branch 新分支的名稱 已經存在的分支

從指定的分支長出另一個新的分支。

git branch -a

列出檔案庫和遠端檔案庫中全部的分支。

git branch -d 要刪除的分支名稱

刪除指定的分支。必須先切換到另一個分支，才能執行這個指令。

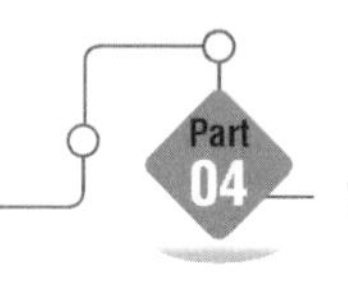

git branch -D 要刪除的分支名稱

在一般情況下，分支應該先合併到另一個分支，然後才能夠將它刪除。如果我們要刪除還沒有合併的分支，Git 會顯示錯誤訊息，並且停止刪除分支的動作。如果確定要刪除還沒有合併的分支，可以使用「-D」選項，要求 Git 強制執行刪除分支的動作。

git branch --list 分支名稱樣板

顯示符合「分支名稱樣板」的所有分支，例如以下指令會顯示所有以「bugfix/」開頭的分支：

git branch --list bugfix/*

git branch -m 新分支的名稱

變更目前所在分支的名稱。也就是說，要先切換到想要變更名稱的分支，再執行這個指令。

git checkout 檔案 1 檔案 2 …

或是

git checkout .

Git 會先找 Staging Area 中有沒有該檔案，如果有就把它取出，如果沒有，就從最新的 Commit 開始，依照時間順序往前尋找，然後取出第一個找到的檔案版本。每一個檔案都用同樣的方式處理。

如果要取出檔案庫中全部檔案的最新版本，可以執行「git checkout .」。

git checkout commit 識別碼或標籤 檔案 1 檔案 2 …

從 Git 檔案庫的 Commit 取出指定的檔案。如果取出的檔案和目前檔案庫中最新 Commit 的檔案內容不同，這個取出的檔案內容會自動記錄在 Staging Area。下次執行 Commit，這個取

出的檔案內容就會存入檔案庫中成為新的版本。如果要避免這種情況發生，可以在執行 git checkout 指令之後，立刻執行 git reset HEAD，清除 Staging Area。

git checkout 分支名稱

從目前所在的分支，切換到指定的分支。

git checkout -f 分支名稱

在切換分支的時候，Git 會先比對檔案庫中目前分支的檔案內容，是否和將要切換過去的分支的檔案內容相同。針對內容不一樣的檔案，Git 需要從檔案庫中取出該檔案，這是為了讓資料夾中的檔案符合分支原來的狀態。但是為了避免資料遺失，當 Git 要覆蓋資料夾中的檔案時，會檢查該檔案的內容是否已經加入檔案庫。如果還沒有加入，Git 會顯示警告訊息，並且停止執行，以免資料遺失。如果我們確定不想保留這些已經修改，卻還沒有加入檔案庫的檔案，可以加入「-f」選項，這樣 Git 就會強制覆蓋修改後的檔案。

git checkout -b 新分支名稱 commit 識別碼或是標籤

建立指定的分支，然後切換到該分支。這個指令等同於先執行「git branch 新分支名稱 commit 識別碼或是標籤」，接著再執行「git checkout 新分支名稱」。如果最後有指定 Commit 識別碼或是標籤，就會從該 Commit 長出新分支。如果沒有指定 Commit，就會從最新的 Commit 長出分支。

git cherry-pick -n commit 識別碼或標籤

把指定的 Commit 的檔案版本，合併到資料夾中的檔案。在預設情況下，執行這個指令會建立一個新的 Commit。如果不想要建立新的 Commit，可以加上「-n」選項。執行這個指令之前，資料夾中被修改的檔案必須先存入 Git 檔案庫，否則會出現警告訊息，並且停止執行。

git clone　遠端 Git 檔案庫路徑　本地 Git 檔案庫資料夾名稱

或是

git clone //電腦名稱/遠端 Git 檔案庫路徑　本地 Git 檔案庫資料夾名稱

或是

git clone http://Web 伺服器網址或是 IP 位址/遠端 Git 檔案庫路徑 \
本地 Git 檔案庫資料夾名稱

或是

git clone　Git 帳號@SSH 伺服器網址或 IP 位址:遠端 Git 檔案庫路徑 \
本地 Git 檔案庫資料夾名稱

下載遠端 Git 檔案庫到我們的電腦上的指定路徑，成為一個本地 Git 檔案庫。

第一種指令適用的情況是遠端 Git 檔案庫在我們自己的電腦上。

第二種指令適用的情況是遠端 Git 檔案庫在區域網路的電腦上，並且以共用資料夾的方式分享。

第三種指令適用的情況是遠端 Git 檔案庫在 Web 伺服器上，並且已經設定好 Web 伺服器，讓它能夠執行 Git。

第四種指令適用的情況是遠端 Git 檔案庫在 SSH 伺服器上，並且已經建立一個 Git 程式專用的帳號。

git clone --bare　程式專案資料夾名稱　遠端 Git 檔案庫路徑

從本地 Git 檔案庫複製出 Bare 型態的遠端 Git 檔案庫。我們通常會幫 Bare 型態的 Git 檔案庫所在的資料夾加上副檔名「.git」，例如 MyProject.git。

git commit -m　'Commit 說明'　--author='操作者姓名 <email 信箱>'

把目前 Staging Area 的內容送進 Git 檔案庫儲存。每一次執行 Commit 一定要附帶說明和操作者資料。如果沒有使用「-m」選項，Git 會啟動文字編輯程式讓我們輸入說明。

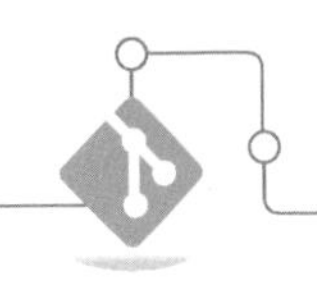

除了使用「--author」選項輸入操作者資料以外，也可以把操作者資料記錄在 Git 設定檔裡頭，這樣就不用加上「--author」選項，詳細操作方式請參考單元 2 的說明。

git commit -a -m 'Commit 說明'　--author='操作者姓名　<email 信箱>'

或是

git commit --all -m 'Commit 說明'　--author='操作者姓名　<email 信箱>'

這個指令的效果等同於先執行「git add -u」再執行「git commit -m 'Commit 說明' --author='操作者姓名　<email 信箱>'」。

它會先比對目前資料夾中的檔案內容，和 Git 檔案庫中的檔案內容，然後把有修改的部分和刪除的檔案加到 Staging Area，最後執行 Commit。這個指令不會把新的檔案存入 Git 檔案庫。

git commit --amend –m　'Commit 說明'　--author='操作者姓名 <email 信箱>'

修改最近一次的 Commit 說明或是操作者資訊。

git config -l

或是

git config --global -l

或是

git config --system -l

只有使用「-l」選項時會顯示三個不同層級的設定檔中所有的設定項目。低優先權設定檔的項目會先顯示，最高優先權設定檔的項目顯示在最後。

加入「--global」選項時會顯示中優先權設定檔中的項目，也就是登入帳號的 home directory 裡頭的.gitconfig 檔案中的設定。

加入「--system」選項時會顯示最低優先權設定檔中的項目，也就是 Git 程式安裝資料夾裡頭的 etc\gitconfig 檔案中的設定。

```
git config  設定項目名稱  '設定值'
或是
git config  --global  設定項目名稱  '設定值'
或是
git config  --system  設定項目名稱  '設定值'
```

在 Git 設定檔中加入或是修改設定。如果「設定值」中沒有空格，可以省略單引號。

如果沒有使用任何選項，也就是第一個指令格式，表示要將設定項目寫到目前這個 Git 檔案庫中的設定檔。

如果加入「--global」選項，表示要將設定項目寫到登入帳號的 home directory 裡頭的.gitconfig 設定檔。

如果加入「--system」選項，表示要將設定項目寫到 Git 程式安裝資料夾裡頭的 etc\gitconfig 設定檔。

```
git config  alias.指令別名  'Git 指令和選項'
或是
git config --global  alias.指令別名  'Git 指令和選項'
或是
git config --system  alias.指令別名  'Git 指令和選項'
```

定義指令的別名（alias），也就是用簡短的縮寫來表示某一個指令。指令別名中不可以包含空格，如果「Git 指令和選項」裡頭沒有空格，可以省略單引號。

如果沒有使用任何選項，表示要將設定項目寫到目前這個 Git 檔案庫中的設定檔。

如果加入「--global」選項，表示要將設定項目寫到登入帳號的 home directory 裡頭的.gitconfig 設定檔。

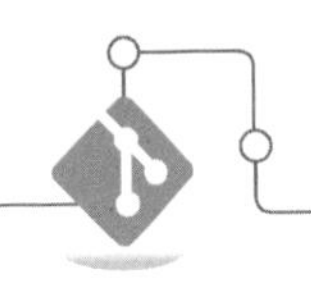

如果加入「--system」選項，表示要將設定項目寫到 Git 程式安裝資料夾裡頭的 etc\gitconfig 設定檔。

git config --unset 設定項目名稱

或是

git config --global --unset 設定項目名稱

或是

git config --system --unset 設定項目名稱

刪除 Git 設定檔中某一個設定項目。

如果沒有使用任何選項，表示要修改這個 Git 檔案庫中的設定檔。

如果加入「--global」選項，表示要修改登入帳號的 home directory 裡頭的.gitconfig 設定檔。

如果加入「--system」選項，表示要修改 Git 程式安裝資料夾裡頭的 etc\gitconfig 設定檔。

git diff 檔案名稱

或是

git diff commit1 commit2 檔案名稱

或是

git diff --no-index 檔案 1 檔案 2

或是

git diff --cached 檔案名稱

或是

git diff commit 檔案名稱

使用 Git 內建的檔案比對程式，比較資料夾、Staging Area 和 Git 檔案庫中各種版本的檔案內容。不同的格式和選項是用來指定不同檔案版本，詳細說明及範例請參考單元 3 的介紹。

git difftool　檔案名稱

或是

git difftool　commit1　commit2　檔案名稱

或是

git difftool --no-index　檔案 1　檔案 2

或是

git difftool --cached　檔案名稱

或是

git difftool　commit　檔案名稱

使用外部檔案比對程式，比較資料夾、Staging Area 和 Git 檔案庫中各種版本的檔案內容。不同格式和選項可以用來指定不同的檔案版本。詳細的說明及範例請參考單元 6 的介紹。設定外部檔案比對程式的方法請參考單元 5 的說明。

git fetch

或是

git fetch --all

從遠端 Git 檔案庫取回目前所在分支的最新資料。執行完這個指令之後，我們電腦上的分支狀態，就和遠端 Git 檔案庫的分支一致。如果想要一次取得全部分支的最新資料，可以加上「--all」選項。

git gc --選項

清理 Git 檔案庫，常用的搭配選項如下：

1. 「--aggressive」

   Git 在預設情況下，會用比較快速的方式檢查檔案庫，並完成清理。如果加入這個選項，Git 會用比較仔細的方式執行，但是需要比較久的時間。這個選項只需要偶而使用即可，太常使用只是浪費時間，不會有明顯的幫助。

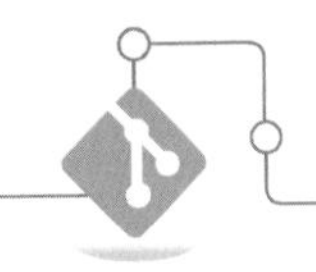

2. 「--auto」

如果加入這個選項，Git 會先判斷檔案庫是否需要清理。如果情況還算良好，就不會執行清理的動作。

3. 「--no-prune」

這個選項是要求 Git 不要清除檔案庫中不會用到的資料，只要整理它們即可。

git grep '要找的字串' commit 識別碼

搜尋指定的 Commit 中的所有檔案，然後列出包含該字串的每一行。如果沒有指定 Commit，表示要搜尋資料夾中的所有檔案。

這個指令預設會區分英文大小寫。如果不要區分英文大小寫，可以加上「-i」選項。如果只要列出包含該字串的檔案，可以加上「-l」選項。如果還想知道每一個檔案中有幾行含有該字串，可以換成使用「-c」選項。

git grep -e '要找的字串 1' -e '要找的字串 2' commit 識別碼

以 or 的方式結合要搜尋的字串，也就是說只要出現其中一個就算符合條件。

git grep -e '要找的字串 1' --and -e '要找的字串 2' commit 識別碼

以 and 的方式結合要搜尋的字串，也就是說必須所有的字串都出現，才算符合條件。

git init

在目前的資料夾建立一個 Git 檔案庫。如果這個資料夾已經有 Git 檔案庫，這個指令不會再重新建立，也不會修改其中的內容。

Git 檔案庫其實是名稱叫做「.git」的子資料夾。預設它會被隱藏起來，我們可以改變資料夾的檢視選項讓它顯示。如果刪除這個子資料夾，Git 檔案庫的內容就會全部消失。

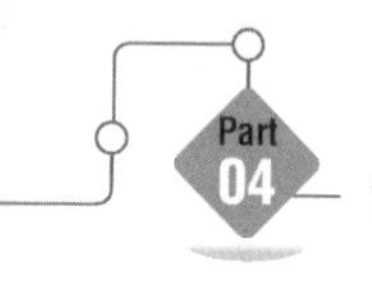

git init --bare Git 檔案庫資料夾名稱

建立 Bare 型態的 Git 檔案庫。我們通常會幫 Bare 型態的 Git 檔案庫的資料夾名稱後面加上副檔名「.git」，例如 MyProject.git。

git log

依照時間順序，從最近一次的 Commit 開始，往前列出每一次 Commit 的詳細資訊，包括識別碼、執行者、日期和時間、以及說明。

git log　檔案名稱 1　檔案名稱 2　…

只顯示有修改指定檔案的 Commit。檔案的修改包括：加入、刪除以及修改內容。

git log　--after='西元年-月-日 時間'　--before='西元年-月-日 時間'

指定要顯示某一段期間的 Commit 資訊。「--after」可以換成「--since」，「--before」可以換成「--until」。

git log --author='人名'

只顯示特定人的 Commit 資訊。

git log --graph --oneline --all --decorate

加上「--graph」選項會用文字模式排列出 Commit 演進圖。
加上「--oneline」選項會用最精簡的方式顯示。

加上「--all」選項會顯示所有分支的 Commit 資訊。

加上「--decorate」選項表示要標示分支名稱。

git log --stat

或是

git log --shortstat

或是

git log --numstat

顯示每一個 Commit 變更程式碼和檔案的狀況，包括有多少檔案被修改、增加了幾行程式碼和刪除了幾行程式碼。

git ls-files

列出目前 Git 檔案庫中的檔案清單。

git ls-remote

列出本地 Git 檔案庫對應的所有遠端 Git 檔案庫。

git merge 分支名稱

把指定的分支合併到目前所在的分支。

git merge --abort

合併的過程發生衝突之後，執行這個指令可以放棄合併。Git 檔案庫和資料夾中的檔案都會回復到未執行合併前的狀態。

git merge --no-ff 分支名稱

「--no-ff」選項表示不要使用 Fast-Forward Merge。

git mergetool

啟動 Git 設定檔中指定的 Merge Tool。如果合併分支的時候發生衝突，執行這個指令會啟動指定的外部程式來編輯衝突的檔案。

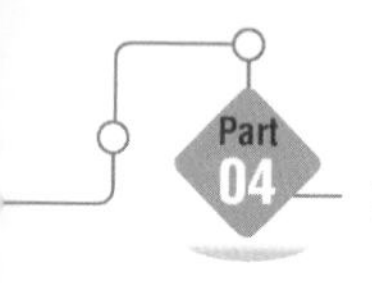

git mv　原來的檔案名稱　新檔案名稱

或是

git mv　原來的資料夾名稱　新資料夾名稱

變更資料夾中的檔案名稱，或是子資料夾名稱，然後把它記錄在 Staging Area。接下來只要執行 git commit 指令，就可以將變更存入檔案庫。

git pull

或是

git pull --all

git pull 指令會執行二項工作：

1. 從遠端 Git 檔案庫取回目前所在分支的最新資料。完成這項工作之後，我們電腦上的分支狀態，就和遠端 Git 檔案庫上的分支一致。如果想要一次取得全部分支的最新資料，可以加上「--all」選項。
2. 把遠端 Git 檔案庫的分支合併到本地 Git 檔案庫的分支。

git pull --rebase

或是

git pull -r

把 git pull 指令的第二個步驟換成 git rebase（原來是 git merge）。請參考 12-2 小節的說明。

git push

執行這個指令時，Git 會比對目前所在的分支，和遠端 Git 檔案庫上的分支。如果目前所在的分支上有新的 Commit，會把它們上傳到遠端 Git 檔案庫。

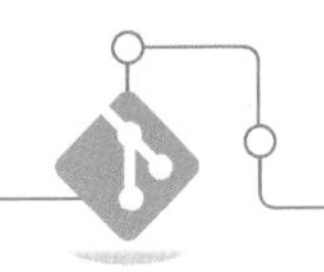

git push --all

執行這個指令時，Git 會比對全部的分支，和遠端 Git 檔案庫上對應的分支。如果該分支上有新的 Commit，會把它們上傳到遠端 Git 檔案庫。

git push origin 分支名稱

執行這個指令時，Git 會比對目前所在的分支，和 origin 屬性設定的遠端 Git 檔案庫上的分支。如果目前所在的分支上有新的 Commit，會把它們上傳到 origin 對應的遠端 Git 檔案庫。執行這個指令不會在設定檔中記錄本地 Git 檔案庫的分支，和遠端 Git 檔案庫的分支之間的對應關係。

git push --set-upstream origin 分支名稱

或是

git push -u origin 分支名稱

請參考上一個指令的說明。這個指令會執行相同的工作。除此之外，還會在設定檔中記錄本地 Git 檔案庫的分支，和遠端 Git 檔案庫的分支之間的對應關係。

git push 遠端 Git 檔案庫網址 分支名稱

執行這個指令時，Git 會比對目前所在的分支，和指定的遠端 Git 檔案庫網址上的分支。如果目前所在的分支上有新的 Commit，會把它們上傳到指定的遠端 Git 檔案庫。執行這個指令不會在設定檔中記錄本地 Git 檔案庫的分支，和遠端 Git 檔案庫的分支之間的對應關係。

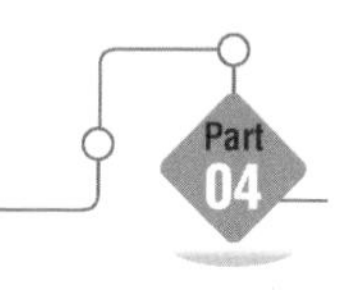

git push --set-upstream　遠端 Git 檔案庫網址　分支名稱

或是

git push -u　遠端 Git 檔案庫網址　分支名稱

請參考上一個指令的說明。這個指令會執行相同的工作。除此之外，還會在設定檔中記錄本地 Git 檔案庫的分支，和遠端 Git 檔案庫的分支之間的對應關係。

git push　遠端 Git 檔案庫名稱　--delete　分支名稱

刪除遠端 Git 檔案庫中指定的分支。

git rebase　分支名稱

把指定的分支的修改，套用到目前所在的分支。執行之後，目前的分支會變成從指定的分支的 HEAD 長出來。請參考單元 9 的說明。

git rebase --abort

如果執行 Rebase 指令後出現衝突的情況，可以利用這個指令取消 Rebase 的操作。Git 檔案庫和資料夾中的檔案會回復到還沒有執行 Rebase 之前的狀態。

git rebase --continue

執行 Rebase 指令後如果出現衝突，我們必須自行編輯發生衝突的檔案。處理好之後，就可以執行 git add 指令，把新的檔案內容加入 Staging Area，最後再執行這個指令，完成 Rebase 的操作。

git reflog　HEAD 或是任何分支名稱

顯示 HEAD 或是任何分支變動的歷史紀錄。如果不加任何參數，預設會列出 HEAD 變動的歷史紀錄。

git remote -v

顯示遠端 Git 檔案庫相關的設定。

git remote add　遠端 Git 檔案庫名稱　遠端 Git 檔案庫網址

在本地 Git 檔案庫的設定檔中加入指定的遠端 Git 檔案庫名稱和它的網址。

git remote rm　遠端 Git 檔案庫名稱

或是

git remote remove　遠端 Git 檔案庫名稱

刪除本地 Git 檔案庫設定檔中指定的遠端 Git 檔案庫名稱。一旦刪除遠端 Git 檔案庫名稱，所有屬於它的追蹤分支也會一併消失。如果要再還原回來，必須重新執行 git remote add 指令，和 git remote update 指令。

git remote rename 舊名稱 新名稱

改變遠端 Git 檔案庫的名稱。執行之後，和它相關的遠端追蹤分支的名稱也會自動更新。

git remote set-url　遠端 Git 檔案庫名稱　新網址

改變遠端 Git 檔案庫的網址。

git remote show　遠端 Git 檔案庫名稱

顯示指定的遠端 Git 檔案庫的詳細資料。

git remote update

讓 Git 比對本地 Git 檔案庫和遠端 Git 檔案庫的分支名稱，找出對應的分支，並且在本地 Git 檔案庫中記錄分支的對應關係。

git reset HEAD 檔案名稱

將指定檔案從 Staging Area 中刪除。如果沒有加上檔案名稱，會清除 Staging Area 中所有的內容。

git reset --soft　commit 識別碼或是標籤

或是

git reset --mixed　commit 識別碼或是標籤

或是

git reset --hard　commit 識別碼或是標籤

讓 Git 檔案庫回復到某一個 Commit 的狀態。如果使用「--soft」選項，表示只有檔案庫中的資料會變更，Staging Area 和資料夾中的檔案都不會受到影響。如果使用「--mixed」選項（這是預設的選項），表示 Staging Area 也會回復到指定 Commit 的狀態，但是資料夾中的檔案仍然不會受到影響。如果使用「--hard」選項，則檔案庫、Staging Area 和資料夾中的檔案，都會回復到指定 Commit 的狀態。

git revert　commit 識別碼

讓 Git 檔案庫回復到指定的 Commit 的前一個 Commit 的狀態。執行完畢後會新增一個 Commit。請注意和 git reset 指令的差別。

git revert --abort

如果執行 git revert 指令的時候發生衝突，可以執行這個指令取消 Revert 的操作。

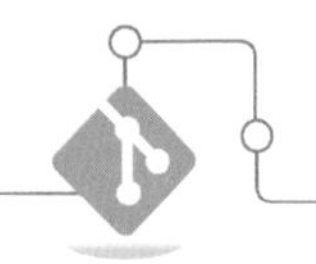

git rm 檔案名稱

Git 會執行二項檢查：

1. Staging Area 中有沒有該檔案的內容，也就是剛剛有沒有執行過 git add 指令。如果有，表示這個檔案的內容和檔案庫中的不一致，為了避免遺失資料，Git 會顯示警告訊息，然後放棄執行。
2. 資料夾中的檔案內容是不是和資料庫中的一樣，如果不一樣，Git 同樣會顯示警告訊息，然後放棄執行，以免遺失資料。

如果通過以上二項檢查，Git 會馬上刪除資料夾中的檔案，然後在 Staging Area 記錄要從 Git 檔案庫中刪除該檔案。最後必須再執行 git commit 指令，才會真正從檔案庫中刪除檔案。

git rm --cached　檔案名稱

把指定的檔案從 Tracked 狀態變成 Untracked 狀態，也就是說，從此以後不需要在 Git 檔案庫中更新這個檔案，而且 Staging Area 中這個檔案的內容也會被移除，但是 Git 不會從資料夾中刪除這個檔案（這是加上「--cached」選項最大的差別）。

git shortlog

依照人名的字母順序，列出每一個人執行 Commit 的次數和說明。

加上「--numbered」選項（或是「-n」），可以依照 Commit 次數，由高至低依序排列。

如果不需要顯示 Commit 說明，可以加上「--summary」選項（或是「-s」）。

git show　commit 識別碼或是標籤

顯示特定 Commit 的詳細資料。Commit 識別碼是一組很長的 16 進位數字，指定 Commit 識別碼時，不需要將它完整列出。一般只要使用最前面 4 個數字即可，Git 會自動找出對應的

Commit。如果找到超過一個以上的 Commit，Git 會顯示錯誤訊息，這時候換用長一點的數字就可以解決。

git show 檔案名稱

顯示指定檔案最新版本的更動。也就是比較檔案最新版本和前一個版本的差異。

git show commit:檔案名稱

顯示指定的 Commit 中的特定檔案內容。

git stash drop

刪除 Git 暫存區的內容。

git stash list

顯示 Git 暫存區的狀態。

git stash pop
或是
git stash apply

取出 Git 暫存區的檔案內容，將它們合併到目前資料夾中的檔案。這二個指令的差別是，第一個指令執行成功的話，會刪除暫存的檔案內容，如果執行失敗，則會保留。第二個指令是不管成功或失敗，都會保留。

git stash save

這個指令會執行下列二項工作：

1. 儲存資料夾中被 Git 追蹤的檔案和 Git 檔案庫中最新檔案版本的差異。
2. 把資料夾中被 Git 追蹤的檔案還原成 Git 檔案庫中最新的檔案版本。

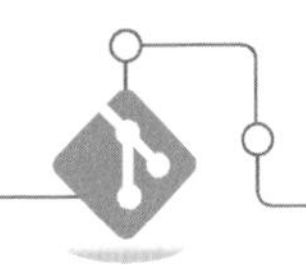

git status

這個指令會執行以下三項工作：

1. 檢查 Staging Area 的內容，看看是否需要執行 Commit。
2. 比對資料夾中的檔案和 Git 檔案庫中的檔案，列出有修改過的檔案清單。
3. 列出 Untracked 狀態的檔案。

git tag　標籤名稱　commit 識別碼或是標籤

幫指定的 Commit 貼上標籤，之後就可以用這個標籤來指定這個 Commit。

git tag -d 標籤名稱

刪除指定的 Commit 標籤。

gitk --all

啟動 gitk 程式。如果加入「--all」選項，表示要顯示全部的分支，否則只會顯示目前所在的分支。

成為 Git 專家的 18 天學習計畫

作　　者：孫宏明
企劃編輯：江佳慧
文字編輯：江雅鈴
設計裝幀：張寶莉
發 行 人：廖文良

發 行 所：碁峰資訊股份有限公司
地　　址：台北市南港區三重路 66 號 7 樓之 6
電　　話：(02)2788-2408
傳　　真：(02)8192-4433
網　　站：www.gotop.com.tw
書　　號：ACA027700
版　　次：2023 年 09 月初版
建議售價：NT$520

國家圖書館出版品預行編目資料

成為 Git 專家的 18 天學習計畫 / 孫宏明著. -- 初版. -- 臺北市：碁峰資訊, 2023.09
面； 公分
ISBN 978-626-324-590-7(平裝)
1.CST：軟體研發 2.CST：電腦程式設計 3.CST：網路伺服器
312.2　　112012388

讀者服務

- 感謝您購買碁峰圖書，如果您對本書的內容或表達上有不清楚的地方或其他建議，請至碁峰網站：「聯絡我們」\「圖書問題」留下您所購買之書籍及問題。(請註明購買書籍之書號及書名，以及問題頁數，以便能儘快為您處理)
http://www.gotop.com.tw
- 售後服務僅限書籍本身內容，若是軟、硬體問題，請您直接與軟體廠商聯絡。
- 若於購買書籍後發現有破損、缺頁、裝訂錯誤之問題，請直接將書寄回更換，並註明您的姓名、連絡電話及地址，將有專人與您連絡補寄商品。